复杂致密含水气藏
渗流机理及产能评价

陈　奎　吴建彪　丁景辰　王立新　郭　辉　编著

中国石化出版社

图书在版编目(CIP)数据

复杂致密含水气藏渗流机理及产能评价/陈奎等编著.—北京：中国石化出版社，2023.6

ISBN 978-7-5114-7091-1

Ⅰ.①复… Ⅱ.①陈… Ⅲ.①致密砂岩-砂岩油气藏-渗流-研究 Ⅳ.①TE343

中国国家版本馆 CIP 数据核字(2023)第 094171 号

中国石化出版社出版发行

地址:北京市东城区安定门外大街 58 号

邮编:100011 电话:(010)57512500

发行部电话:(010)57512575

http://www.sinopec-press.com

E-mail:press@sinopec.com

北京富泰印刷有限责任公司印刷

全国各地新华书店经销

*

787×1092 毫米 16 开本 10 印张 185 千字

2023 年 6 月第 1 版 2023 年 6 月第 1 次印刷

定价:156.00 元

前　言

21世纪人类正进入低碳经济时代，天然气作为清洁能源的地位日益突出，是目前世界能源重点发展方向之一，天然气增长速度在逐年加快，天然气行业迎来了前所未有的大时代。国家再度对油气行业发展提出了要求，大力提升油气勘探开发力度，推动油气增储上产，保障国家能源安全。

致密砂岩气藏是目前国际上开发规模最大的非常规天然气，在天然气能源结构中的占比和作用日益显著。我国致密砂岩气资源非常丰富，以鄂尔多斯盆地、四川盆地川中须家河组气藏为代表，已实现了致密砂岩气藏的规模开发。鄂尔多斯盆地致密气资源量约为14.5万亿m^3，已经发现苏里格、乌审旗、大牛地、神木等探明地质储量超过千亿立方米的致密气田，累计探明地质储量超过3.8万亿m^3，显示了盆地丰富的致密气资源。但这些气田大多位于鄂尔多斯盆地内部，天然气的聚集主要受岩性控制，普遍具有广覆式生烃、弥漫式充注成藏特征，无明显气水分布界面。

华北油气分公司东胜气田是中国石化华北油气分公司面积最大的天然气勘探开发区块，气田位于盆地北部伊盟隆起和伊陕斜坡过渡带，因横跨不同构造单元，构造特征、沉积特征、成藏类型与盆内相比都有明显的变化，气水赋存状态受微构造和储层物性等多重因素的影响，呈现多样化的气水分布模式，发育岩性气藏、岩性-构造气藏等多种类型气藏。从1977年在伊盟隆起上实现突破，到2021年年底找到约2000亿m^3探明储量，华北油气分公司在盆地北部经历了40多年的探索实践，建成了年产20亿m^3的盆缘大气田。

本书以东胜气田致密含水气藏渗流机理研究和产能评价为目标，从致密含水气藏储层微观特征研究出发，以气水两相渗流特征研究为主线，系统揭示了致密含水气藏动态启动压力、岩石应力敏感等渗流特征；基于此渗流机理，建立了多类型气井产能评价模型，指导致密含水气藏的高效开发。全书共分为六章，第一章系统调研了致密含水气藏渗流机理及产能评价的技术现状；第二章系统描述致密含水气藏单相启动压力梯度、储层应力敏感特征；第三章通过创新模拟方法，阐述了致密含水气藏毛管压力特征、流态特征及水锁伤害特征；第四章建立了不同类型气井产能评价模型，明确了气井产能影响因素；第五章基于气井试采生产特征分析，建立了产水气井差异化配产方案；第六章室内实验和生产结合，形成了致密含水气藏采收率评价技术体系。

本书是在多年致力于东胜气田勘探开发的众多科技工作者的智慧成果基础上的集成、总结和升华，凝聚了多年来奋战在东胜气田科研、生产一线的各大院校、科研院所、兄弟单位的专家和同行的心血。本书完成过程中，得到了中国石化华北油气分公司勘探开发研究院各位领导、专家的帮助，在此一并表示衷心的感谢。由于作者水平有限，书中定有不妥之处，恳请批评指正。

目　　录

1 绪 论

致密砂岩气藏是目前国际上开发规模最大的非常规天然气，在天然气能源结构中的占比和作用日益显著。我国非常规天然气资源储备雄厚，技术可采资源量达 34 万亿 m^3，其中致密气的技术可采资源量达(9～13)万亿 m^3，开发潜力巨大，以鄂尔多斯盆地、四川盆地川中须家河组气藏为代表，已实现了致密砂岩气藏的规模开发，对于保障我国能源安全具有重要意义。

国内认为储层基质渗透率$\leq 0.1\times10^{-3}\mu m^2$，含气饱和度<60%的气藏为致密气藏。前人研究表明致密砂岩气藏与常规气藏在形成与分布上差异明显，国内外学者在致密砂岩气藏的研究中将其石油地质特征归结为以下几点：①源储紧邻；②储层孔渗物性差且非均质强、含气饱和度低；③气藏分布不受控于圈闭构造特征；④气水分布关系复杂、大面积连续含气。致密砂岩气藏这些明显区别于常规气藏的石油地质特征，使得传统石油地质理论和方法难以有效指导致密砂岩气的勘探与开发。在未经过储层改造之前，致密气藏单井产能一般低于工业油气流的下限；与常规气藏相比，致密气藏在开发过程中，经常出现储层见水早、稳产时间短等问题，并且存在应力敏感、启动压力梯度、气体滑脱效应以及高速非达西等现象，这些都会影响致密气藏的开发效果。

致密气储层孔喉尺度极其细小，相当大一部分流体在渗流过程中被毛管力、黏滞力等阻力束缚，难以流动。孔隙喉道之间连通性差，微尺度效应明显，并且具有很强的非均质性。纳米级孔喉是致密储层储集和运移流体的主要通道，纳米级孔喉使气体渗流过程受到的阻力大大增加。砂岩的强亲水作用使孔喉壁面形成一定厚度的束缚水膜，高含水饱和度使得地层水对气体的滞留作用程度增加；同时，甲烷分子在纳米级多孔介质中被稳定吸附是周围孔喉壁面相互作用势能叠加的结果，因此比大孔隙岩石表面具有更强的物理吸附能力，最终导致致密含水气藏渗流机理十分复杂。此外，致密含水气藏受复杂渗流特征和含水的共同作用，其产能影响因素多、计算难度大。因此，开展渗流机理及产能评价研究对于致密砂岩气藏高效开发具有重要意义。

1.1 致密含水气藏渗流机理研究现状

致密砂岩气藏具有低孔、低渗、含水饱和度高、次生孔隙发育、孔喉细小、毛管压力高的储层特征，造成致密砂岩气藏具有相启动压力、滑脱等特殊的渗流规律或现象，导致相当一部分储量难以有效动用。因此致密砂岩气藏渗流机理研究是致密气藏有效开发的基础和关键。

1.1.1 启动压力梯度

启动压力又称阀压(或门槛压力)，即非润湿相开始进入岩石孔隙的最小起始压力，或非润湿相在岩石孔隙中建立起连续流动所需的最小压力值。“启动压差”效应指岩样两端流动压差增大至一定程度时气体才开始流动的现象。气体发生流动所需要的最小压差即为启动压差，描述了气体从静止到流动的突变和时间滞后现象。国内外大量研究证明，渗透率较低、含水饱和度较高的状态下，气体渗流时必须考虑启动压力的影响，启动压力的存在使得气体的渗流曲线呈现下凹型的非线性渗流。低渗、特低渗透储集层中可能存在两种启动压力：①低速非达西渗流介质造成的启动压力；②由于地层堵塞和永久形变造成的启动压力。

对于致密砂岩气藏，产生启动压力梯度的主要原因是贾敏效应。由于致密储层的喉道半径较小，当气泡由较大的孔隙流动到较窄的喉道时会遇到阻挡，需要克服气泡遇阻变形所产生的毛管压力才能继续发生流动，当驱动压力不足以抵消毛管力时，气泡在喉道处聚集堵塞，一定时间内聚集能量后，气水两相才能突破束缚开始发生流动，所以作用于气泡表面两侧的压力差达到一定程度是气体开始流动的必要条件。

目前关于启动压力存在原因主要有三方面解释。

(1)界面张力理论。低渗透储层因低渗、低孔隙度，喉道细小，故孔喉作用增强，加上微观孔隙结构复杂，比表面积大，从而引发的界面效应强烈。低渗透储层气体渗流具有非达西特征的主要原因可能是固气界面分子力的强烈作用。由于低渗透岩心的孔隙系统基本是由小孔道组成的，气体与固体之间的界面张力影响显著，在流动过程中出现不可忽视的阻力。只有当驱动压力梯度大于气固界面张力时，该孔道中的气体才开始流动，因此，气藏启动压力在微观上是固气界面的张力。

(2)吸附层解释。低渗气藏常常具有亲水性，极易形成残余水。残余水的分布状态主要受分子表面作用力的影响，而分子表面作用力的大小是由岩石孔隙空间结构决定的。气藏形成后期滞留在岩石孔隙中的地层水主要以水膜水、毛管水以及充填在孔隙角落和弯曲处的水等几种形式存在于岩石中。气泡存在于孔隙中央部位，地层水被气泡排挤到孔隙壁周围，通过分子引力牢固地吸附在孔隙壁上，形成水膜水。在孔隙喉道壁上，由于卡断和绕流，水膜水充填了整个孔隙喉道，形成毛管水，毛管水堵塞孔道使孔隙喉道进一步降低，孔隙连通性变差，致使渗透率急剧下降。水膜水和毛管水对气体流动产生堵塞作用，即所谓的“阈压效应”。具体表现为：喉道两端的水膜水在初始状态阻碍气体通过，一旦气体冲破喉道水膜水束缚后，续流气体穿过这一喉道处就不再有堵塞效应，在气体渗流曲线上表现为存在启动压差；毛管水始终占据喉道空间，使得气体只能以气泡形式通过，对气体渗流产生持续的附加阻力，在气体渗流曲线上表现为临界压力梯度。

(3)力学解释。对于低渗透和特低渗气藏地层来说，由于储层的孔隙系统以小孔喉为主，气体在其中流动时，每个孔道都有不同的启动压力梯度，并且气体在每个孔道中流动所克服的毛管力大小也不同，只有驱动压力梯度大于某孔道的启动压力梯度时该孔道中的气体才开始流动。

对于启动压力梯度研究的方法主要归结为三类：室内物理实验模拟法、数值实验法和试井解释法；其中，室内物理实验模拟方法是最直观也是比较有效的方法。室内物理实验模拟法包括非稳态法和稳态法。非稳态法主要用于测定真实启动压力，也称最小启动压力，其测定方法主要有两种：①静压差平衡法或称毛细管平衡法，即测定岩心进出口端面的稳定净压差，该法依据连通器的原理，孔喉越大，稳定越快，适于低渗岩心启动压力梯度的测定，但对于有着极其细小孔喉的致密砂岩，则耗时较长；②气泡法，主要测定流体从静止到流动发生瞬间的压力，该法适于测定的渗透率范围较大，因此，具有更大的可选空间。稳态法又称“压差流量法”，是目前室内最常用测定拟启动压力梯度的方法，目前文献中多用该法测定单相、两相的拟启动压力梯度，但测定值往往比真实值偏大，由于实验条件不统一，测出的结果也存在差异。

通过大量实验研究，发现低渗气藏中启动压力梯度受含水饱和度以及渗透率的影响较大。启动压力梯度随着储层渗透率的降低而逐渐增大，这是由于越致密的储层气、水越与流动的喉道有关，喉道半径越小且孔喉变换越频繁，使得毛管压力急剧增大，因此贾敏效应的影响更加显著；启动压力梯度随着储层含水饱和度的升高而逐渐增大。这是由于在较高的含水饱和度下，储层中的气体并不能形成连续相，而是被分割成许多小气泡进行流动，这些小气泡在每个喉道处都会产生贾敏效应，于是毛管压力便在驱替方向上被叠加起来，并且储层含水饱和度越高，这种叠加效应的程度越高。实验拟合结果如表 1-1 所示。

表 1-1 启动压力梯度与渗透率及含水饱和度关系

岩心编号	渗透率范围/$10^{-3}\mu m^2$	启动压力梯度与含水饱和度关系
1	$K<0.02$	$\lambda=2\times10^{-9}S_w^{4.4216}$, $R^2=0.7521$
2	$0.02<K<0.1$	$\lambda=1\times10^{-7}S_w^{3.1967}$, $R^2=0.8777$
3	$0.1<K<0.3$	$\lambda=5\times10^{-9}S_w^{3.6728}$, $R^2=0.9361$
4	$0.3<K<1$	$\lambda=6\times10^{-13}S_w^{5.6995}$, $R^2=0.883$
5	$K\geqslant1$	$\lambda=2\times10^{-13}S_w^{5.2822}$, $R^2=0.9459$

1.1.2 气体滑脱效应

气体在多孔介质中渗流时会发生滑脱效应，这是由于气体与固体之间的分子作用力较小，在管壁处的气体分子仍有部分处于运动状态，并且相邻层的气体分子由于动量交换的原因也一起沿管壁方向做定向流动，这种管壁处的分子流速不为零的微观运动，宏观上就是气体在渗流过程中产生了滑脱效应，该效应使实验室气测的表观渗透率值大于储层真实渗透率值。

①储层越致密，其喉道半径就越小，管壁处流速不为零的气体分子所占比例就越大，滑脱效应的影响程度就更加显著。②存在着发生滑脱效应的临界压力点，并且临界压力点随着储层渗透率的升高而逐渐减小。③致密储层发生滑脱效应的临界压力点在 5MPa 以下，而致密砂岩气藏的废弃地层压力通常在 10MPa 左右，高于此压力时的气体滑脱效应影响几乎可以忽略。因此在模拟致密砂岩气藏开发动态的气藏工程计算过程中，无须考虑滑脱效应对气体渗流特征及开发效果的影响。

Klinkenberg 于 1941 年提出气体在不含束缚水的多孔介质中单相渗流时存在滑脱效应。近年来低渗致密气藏的开发证明：在一定的含水饱和度下，气体在多孔介质中渗流同样存在滑脱效应。

由于低渗透气藏储层岩石孔喉细小，毛管压力高，同时由于气体黏度小以及具有压缩性，与液体相比，在物理性质上存在很大差异。气体在低渗多孔介质中低速渗流时，气体分子与介质壁面没有紧密接触，在介质壁面处具有一定的非零速度，当气体分子的平均自由程接近孔隙尺寸时，介质壁面处各分子都将处于运动状态，这种现象称为气体分子的滑脱现象(又称滑脱效应)。天然气在低渗透致密砂岩的小孔道中渗流时，这一现象尤为明显。液体、气体在孔隙中的运动如图 1-1、图 1-2 所示。

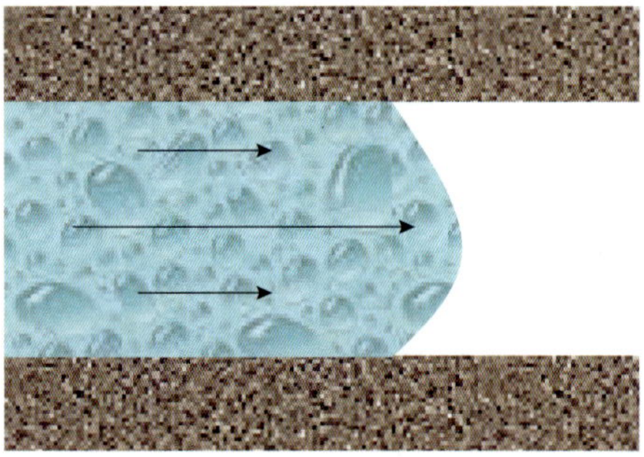

图 1-1 液体在孔隙中运动

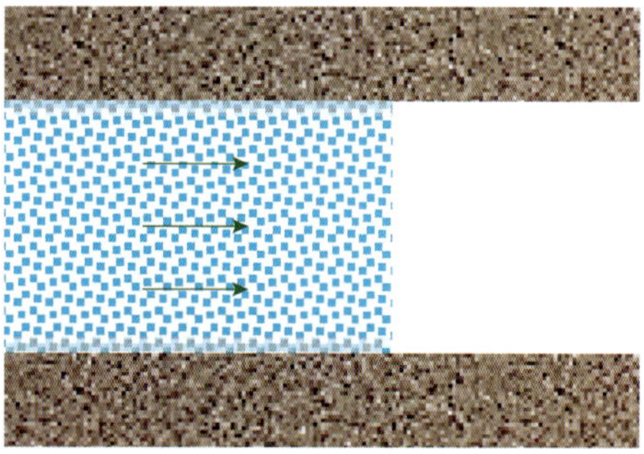

图 1-2 气体在孔隙中运动

低渗透气藏储层通常是高含水储层，物性特征表现为渗透率低，应力敏感，毛管压力和束缚水饱和度高，原生水饱和度低，气水纵向分布异常——气-水分界模糊和气-水倒置，自由分子流动和滑脱效应，含水饱和度一般高达40%以上，因此低渗高含水气藏中气体低速渗流规律具有一定的特殊性。然而气体分子的滑脱现象是针对不含束缚水的多孔介质的气体单相渗流而提出的概念，对于低渗透致密砂岩气藏，气体在多孔介质中将出现气水两相渗流。近年来，国内外研究表明：在束缚水条件下，气相的渗透率将受到气体滑脱效应的影响，气水两相的渗流仍受滑脱效应的影响。其影响程度与含水饱和度密切相关。

1. 单一气相流动时的滑脱效应

Klinkenberg通过实验观察提出针对不含束缚水的多孔介质中气体单相渗流时的滑脱现象。气测渗透率(视渗透率)与流动平均压力有密切关系：

$$K_g = K_\infty (1 + b/P_m) \tag{1-1}$$

式中：K_g为气测渗透率，定义为视渗透率，μm^2；K_∞为绝对渗透率，μm^2；b为气体滑脱因子，MPa；P_m为流动平均压力，MPa。

对于单根毛管，气体滑脱因子b是平均孔隙吼道半径r和气体分子平均自由程λ的函数：

$$b = 4c\lambda P_m / r \tag{1-2}$$

式中：c为近似于1的比例常数；λ为对应于平均压力P_m下的气体分子平均自由程；r为毛管半径(相当于岩石孔隙半径)。

根据气体分子运动理论，气体分子平均自由程λ的计算式为：

$$\lambda = 4a \frac{\mu}{P_m}\sqrt{\frac{RT}{M}} \tag{1-3}$$

式中：a为常数，约等于2；μ为气体黏度；M为气体相对质量；R为通用气体常数；T为温度。

由此可以看出气体分子的滑脱效应作用大小与压力、温度、多孔介质孔隙结构及气体种类有密切关系。

(1)压力影响。平均压力越小，意味着气体分子密度越小，气体分子间的相互碰撞就越少，它的平均自由程就越大。这样使气体易流动，气体滑脱现象越严重，气测渗透率值就越大。随着平均压力的增加，视渗透率降低，但滑脱因子b不变，当压力增加至无穷时，这时的渗透率不再变化而是趋近于一个常数K_∞，这个数值一般趋近于液测渗透率K_L，所以又称为等效液体渗透率。在压力无穷大的时候，气体的流动性质已接近于液体的流动性质，气固之间的作用力增大，因而气体滑动效应逐渐消失，管壁上的气膜逐渐趋于稳定，所测渗透率也趋于不变。

(2)孔隙结构影响。越致密的岩心，孔道半径越小，滑脱效应则越严重。因为只有在气体分子的平均自由程和它流动的孔道相当时，气体滑动的微观机理才会表现出来，滑动造成的影响也会表现出来。然而在高渗透岩心中渗流时，气体在较大的孔隙中渗流，滑脱现象则不明显。

(3)温度影响。高温下气体分子更活泼，平均自由程大，滑脱效应大。

(4)气体影响。气体的滑脱效应与气体的性质有关，不同气体所测的渗透率值不同。同一岩石在相同压力下，不同气体自由程 λ 不同，使滑脱系数 b 不同，相对分子质量越小，滑脱效应越严重，同时随着气体的黏度增大而增大。

对于单根毛管，带有滑脱现象的气体渗流运动方程为：

$$v=-\frac{K_{\infty}}{\mu}\left(1+\frac{b}{P_{\mathrm{m}}}\right)\frac{\partial P}{\partial L} \tag{1-4}$$

多孔介质中单一气相渗流时，结合达西定律与气体分子扩散运动，气体运动是压力场和密度场共同作用的结果。压力场内的流动服从达西定律，密度场内的流动服从 Fick 定律，那么气体的渗流速度应该是这两种速度的叠加。因此可得到多孔介质中有气体滑脱影响的气体渗流运动方程：

$$v=-\frac{K_{\infty}}{\mu}\left(1+\frac{P_{\mathrm{m}}C_{\mathrm{g}}\mu D}{P_{\mathrm{m}}K_{\infty}}\right)\frac{\partial P}{\partial L} \tag{1-5}$$

式中：D 为扩散系数，$\mathrm{cm^2/s}$，与扩散物质和介质性质有关；C_{g} 为气体压缩系数。

定义 b_{a} 为气体在多孔介质中的视滑脱因子：

$$b_{\mathrm{a}}=\frac{P_{\mathrm{m}}C_{\mathrm{g}}\mu D}{K_{\infty}} \tag{1-6}$$

2. 含束缚水时的气相滑脱效应

气藏形成后，滞留在岩石孔隙中的水，主要以水膜水、毛管水以及充填在孔隙角落和弯曲处的水的形式存在于岩石中。水膜水靠分子引力滞留在孔隙壁上，毛管水则靠毛管力滞留在较小的孔道中。储层孔隙中水膜的作用是通过改变储层孔隙岩石的润湿性，对储层岩石的毛管力、流体分布及渗流性质产生影响。通过微观光刻物理模拟的气水两相实验，可以直接观察到：在亲水的多孔介质模型中，残余水主要是由于卡断和绕流现象形成的。宏观上，这些水在开采初期或酸化、压裂等作业措施前，几乎是不流动的。因此，只有在模拟实验中考虑岩样含残余水时，才能比较真实地反映出低渗储层中气体渗流的特征和规律。

由克氏理论可以推导，束缚水饱和度、温度以及上覆岩层压力对两相时滑脱效应的影响规律为：随束缚水饱和度的增加、温度的升高、上覆岩层压力的增加，滑脱效应将更加明显。

当岩样含残余水时，由于孔喉壁上束缚水膜的存在，造成低渗岩样的孔喉进一步减小。气体在含残余水的岩样中渗流时，滑脱效应的影响将加剧，渗流曲线将表现出比单相气体渗流时更明显的非线性特征。李宁等人在残余水状态下，选取 70 多块低渗岩样进行的气体渗流实验证明了该推论的正确性。

Rose 对人造岩心和天然岩心的气相相对渗透率进行实验研究，指出砂岩岩心气体滑脱效应随着含水饱和度的增加而降低。Estes 和 Fulton 也得到了一致的结论，但是形成这一现象的原因并未研究清楚。

Ru shing 等人对渗透率为$(0.01\sim0.1)\times10^{-3}\mu m^2$，孔隙度为 1%~15%，含水饱和度为 5%~40%的亲水砂岩岩心进行实验，得到的结论是：在一定的束缚水饱和度下，滑脱效应随着含水饱和度的增加而降低(表征为曲线斜率的降低)，这与克氏理论是相矛盾的；高温时滑脱效应更明显，滑脱因子随着温度的增加而增加，但克氏渗透率不变；随着净上覆岩层压力的增加，气相的有效渗透率会降低；如果没有考虑两相时气体滑脱效应的影响，将会高估气相相对渗透率，而且在较低平均压力、较高含水饱和度、较高温度以及较低岩心渗透率时的误差更大，从低于 1%到高达 30%。

Kewen Li 在 0.1~0.15MPa 不同平均压力下测量气-水两相滑脱效应时的气体相对渗透率。①在低压低温时，随着含水饱和度的增加，气体滑脱效应降低。②在高压低温时，随着净上覆岩层压力的增加，气体的有效渗透率降低。③在低压高温下，与低温时类似，随着含水饱和度的增加，气体的滑脱效应降低，而且含水饱和度超过 30%以后，滑脱效应同样明显。与低温时对比，在相同含水饱和度下，高温时曲线斜率更大，滑脱效应更明显，但其与克氏渗透率基本相同。④滑脱效应对气体的相对渗透率影响明显，如果没有校正气体滑脱效应，会高估气体的相对渗透率，随着平均压力的增加，误差会减小。

3. 气-水两相流动时的滑脱效应

单相气体流动滑脱效应(Klinkenberg 效应)已经得到广泛而深入的研究，然而只有很少的研究是针对气液两相流动的滑脱效应。目前研究普遍认为，如果忽略两相气体滑脱效应的影响，将会高估气相相对渗透率。Ertekin 等人针对渗透率低于$0.01\times10^{-3}\mu m^2$ 的致密砂岩油藏，建立了考虑两相流动气体滑脱效应影响的数值模型，计算结果表明，如果不考虑滑脱效应将会导致最终气相采收率的计算误差，误差程度为 10%~30%。

Kewen Li 通过理论推导得出考虑滑脱效应的气相相对渗透率，其推导过程如下。气-水两相流动时，假设达西定律适用，忽略毛管力。

气相有效渗透率计算公式：

$$K_g(S_w, P_m)=\frac{q_g\mu_g LP_o}{A\Delta PP_m} \tag{1-7}$$

式中：$K_g(S_w, P_m)$为含水饱和度为 S_w、平均压力为 P_m 条件下的气相有效渗透率；q_g 为气相流动速度；μ_g 为气相黏度；ΔP 为岩样两端压差；A、L 分别为岩样横截面积和长度；P_o 为出口端压力。

式(1-7)说明了气相渗透率不仅是含水饱和度的函数，也是平均压力的函数。气体的压缩性由公式中$\frac{P_o}{P_m}$表征。

气体不考虑滑脱效应的相对渗透率的计算公式为：

$$K_{rg}(S_w, P_m)=\frac{K_g(S_w, P_m)}{K} \tag{1-8}$$

式中：$K_{rg}(S_w, P_m)$为含水饱和度为S_w下、平均压力为P_m条件下的气体相对渗透率；K为岩石的绝对渗透率。

考虑气体的滑脱效应时，气体固有的有效渗透率(与平均压力无关)计算公式为：

$$K_{g\infty}(S_w)=\frac{K_g(S_w, P_m)}{(1+b_{S_w}/P_m)} \tag{1-9}$$

式中：$K_{g\infty}(S_w)$为含水饱和度为S_w下，岩石固有的不随压力变化的气相渗透率。b_{S_w}为含水饱和度为S_w下，岩石固有的不随压力变化的滑脱因子。

因此，考虑滑脱效应的气相不依赖压力变化的相对渗透率计算公式为：

$$K_{rg\infty}(S_w)=\frac{K_{g\infty}(S_w)}{K} \tag{1-10}$$

式中：$K_{rg\infty}(S_w)$为含水饱和度S_w下，岩石固有的不随压力变化的相对渗透率。

Rushin 等提出：

$$b_{S_w}=\alpha\left[\frac{K_{g\infty}(S_w)}{\phi_g}\right]^{-\beta} \tag{1-11}$$

式中：α，β为两个常数，可以通过实验数据拟合得到；ϕ_g为气体有效孔隙度，$\phi_g=\phi(1-S_w)$。

已知气体在不同含水饱和度下的不依赖压力变化的相对渗透率和滑脱因子(这两个参数都可以用实验得出)，就可以算出任意平均压力下的气体相对渗透率$K_{rg}(S_w, P_m)$：

$$K_{rg}(S_w, P_m)=K_{rg\infty}(S_w)\left(1+\frac{b_{S_w}}{P_m}\right) \tag{1-12}$$

考虑滑脱效应时的气相相对渗透率的最终表达式为：

$$K_{rg}(S_w, P_m)=K_{rg\infty}(S_w)\left\{1+\alpha\left[\frac{KK_{rg\infty}(S_w)}{\phi_g}\right]^{-\beta}/P_m\right\} \tag{1-13}$$

对于致密低渗气藏气水两相渗流过程中，用考虑滑脱效应的相对渗透率函数$K_{rw}(S_w, P_m)$和$K_{rg}(S_g, P_m)$取代常规气水运动方程中的相对渗透率函数$K_{rw}(S_w)$和$K_{rg}(S_g)$，即可得到考虑滑脱效应情况下的气水运动方程。由于滑脱效应对水相渗透率不会产生影响，有：

$$K_{rw}(S_w, P_m)=K_{rw\infty}(S_w) \tag{1-14}$$

替换后气水的运动方程变为：

$$v_g=-\frac{KK_{rg\infty}(S_w)}{\mu_g}\left\{1+\alpha\left[\frac{KK_{rg\infty}(S_w)}{\phi_g}\right]^{-\beta}/P_m\right\}\nabla\Phi_g \tag{1-15}$$

$$v_w=-\frac{KK_{rw\infty}(S_w)}{\mu_w}\nabla\Phi_w \tag{1-16}$$

式中：Φ_g，Φ_w 分别为气相和水相的势，MPa；μ_g，μ_w 分别为气相和水相的黏度，mPa·s。

1.1.3 高速非达西效应

滑脱效应是气体在低压低速情况下产生的渗流现象，而随着流速的提高，由于气体分子在沿着变直径的迂曲孔道运动时连续地加速和减速，其惯性力逐渐增大，达到一定程度后流速与压力梯度将偏离达西渗流的线性规律，这种现象称为高速非达西渗流。一般采用Forchheimer在1901年提出的非达西二项式渗流方程来表述这种流动关系，在该方程中增加了一个惯性项来弥补气体在高速流动时达西定律不再适用的局限性。

$$\frac{dp}{dx}=\frac{\mu}{k}v+\beta\rho v^2 \tag{1-17}$$

式中：β 为惯性因子；ρ 为流体密度。

由于致密砂岩气藏渗透率低，因此在远井储层区域内渗流时，高速非达西效应可以不予考虑，然而在近井范围内随着渗流半径的急剧减小，气体渗流时的高速非达西效应变得不可忽略，计算时应当予以考虑。

Cornell和Katz认为这种非达西渗流现象，即压力梯度与流速之间的非线性关系主要归因于紊流。而Geertsma等学者进一步提出：这种非线性渗流不仅仅是由于紊流造成的，还受到了惯性的影响。近年来，Firoozabadi、Guppy、张烈辉等国内外学者通过分析渗流方程与物理模拟实验得出结论：储层的渗透率越大，其孔喉半径就越大，气体分子在储层中更容易发生流动，气体的流速 v 也就越大，因此其符合达西渗流的线性项 $\frac{\mu}{k}v$ 就越小，相应地，偏离达西渗流的惯性项 $\beta\rho v^2$ 就越大，即气体在储层中的渗流特征曲线也就更加偏离达西渗流的线性特征。

1.1.4 应力敏感效应

油气储层中的岩心属于典型的多孔介质。储层岩心的结构非常复杂，主要包括由岩石颗粒和胶结物组成的岩石骨架，骨架孔隙中的充填物和孔隙空间内的流体等，构成的复杂性就导致了储层岩石具有多种不同的特性，如孔隙度、渗透率、流体饱和度、毛管力、电阻率等；同时由于构成的复杂性，导致了岩石的受力状况非常复杂，简单来说岩石所受的力包括内部应力(流体所施加的)和外部应力(上覆岩层所施加的)等。当岩石所受的应力状态发生变化时，由于其自身的特点，多孔介质会发生相应的形变，从而使得储层岩石的某些特性(渗透率、孔隙度等)会发生相应的变化，出现应力敏感现象。应力敏感的出现会对储层的结构和流体在其中的渗流造成很大的影响。因此，一直以来，很多学者对储层的应力敏感性进行了大量的研究。

Latchie M 等人对纯砂岩和泥质砂岩的应力敏感性特征进行了研究，实验采用了先增大围压，再降低围压的方法进行，结果表明，在围压增大后，两类岩样的渗透率均有所下降。而当围压再次降低时，两组岩样的渗透率都有所恢复但恢复程度不同：高渗纯砂岩的渗透率恢复到初始渗透率的96%，而低渗泥质砂岩的渗透率仅能恢复到初始值的40%，应力变化给岩心造成的渗透率损失并不能完全恢复。也就是说，储层岩心的应力变化后，在发生弹性变形的同时也发生有塑性和弹性变形。

Lei Q 等人对致密储层的应力敏感特征及应力敏感对致密储层产能的影响进行了研究，并对致密储层的渗透率和有效应力的关系进行了定量化的描述。结果表明：致密储层的渗透率和有效应力的关系符合二项式特征。同时指出：由于弹性和塑性变形带来的储层渗透率变化都是固定、不可逆的，扫描电镜结果表明，应力变化对储层孔隙度的影响很小，而应力变化导致的喉道形状和大小的变化，对储层渗透率的影响很大。Rosalind A 通过数值模拟和生产数据的分析，建立了微可压缩流体在敏感性储层中的流动模型并进行了数学求解。模型计算结果表明：敏感性储层的衰竭开采速度低于非敏感性储层，但渗透率敏感性对两种储层的最终采收率没有影响，也就是说，敏感性对储层的容积没有影响。

康毅力等人综合考虑多种因素，对大牛地致密气藏的应力敏感特征进行了研究。结果表明：岩屑含量越大，储层温度越高，岩心含水饱和度越大，岩心的应力敏感程度越强。且裂缝性岩心的应力敏感程度要远高于常规岩心。徐艳梅等人通过实验研究了大牛地致密气藏开关井条件下的应力敏感特征。结果表明：致密砂岩存在较强的应力敏感性，在实际的生产中不能忽视应力变化对储层的伤害。随着有效应力的上升，岩心的渗透率在有效应力上升初期降幅较大，后期降幅减小并逐渐趋于稳定；而在有效应力回落时，岩心渗透率逐渐恢复但不能恢复到初始状态，即应力变化对渗透率的伤害具有不可逆性。

1.2 致密含水气藏产能评价及合理配产研究现状

1.2.1 气井产能评价方法

近几年随着油气田开发技术的飞速发展，生产井的结构逐渐从普通直井向单井产量高的水平井、多段压裂水平井发展。气井产能评价简单来说大致有三种方法：公式法、经验法以及试井法。

产能公式方面，Prats 等人首先提出了直井压裂后的产能方程预测法，并对压裂时的裂缝参数进行了优化。针对水平井的产量计算，Raghanvan 和 Joshi 通过无限导流能力的裂缝等效井径模型，将裂缝等效成直井，依据压降叠加理论，推导出了较为准确的分段压裂水平井产能模型。Rahman 对前者进行计算的等效井径模型进行了优化，推导了新的综合模型来估算不稳态以及拟稳态流动两种状态时压裂直井的产能。王晓冬等人在气井产能方程中引入径向导流厚度，计算了压裂后直井的产能。综上调研，裂缝等效井径模型被广泛应用在压裂直井以及水平产能模型当中，这说明了裂缝等效井径模型的有效性和便捷性。

产能经验方法是基于大量的气井测试数据建立起来的气井产能方程，目前主要有二项式产能经验公式和指数式产能经验公式两种。Rawlins 和 Schelhardt 通过总结大量气井生产数据，总结出了关于地层压力、产气量以及井底流压的指数式产能经验方程。

试井是了解气井的最详细、最直接有效的方法，也是投入生产开发前的必要步骤，但成本高、周期长、过程繁琐。气井产能试井又分为有稳定流动的产能试井以及无稳定流动的产能试井。其方法都是根据产量、压力与时间的关系，得到产能方程，推算气井的无阻流量。对于低渗透以及致密气藏来说，压力达到稳定时需要的时间很长，经济上很不划算，因此可采用无稳定流动产能试井法，但计算较为复杂。Gringarten 等人(1974)在压裂直井的试井理论方面有重要成果，但是并未考虑裂缝导流能力。Cinco-Ley 等人进一步发展了有限导流能力垂直裂缝井的试井理论。紧接着 Guppy 等人又提出了考虑垂直裂缝内气体高速非 Darcy 效应的试井理论，优化了 Cinco-Ley 等人的试井理论，考虑到了裂缝的有限导流能力因素。随着储层改造技术和水平井技术的发展，关于分段压裂水平井的试井理论也取得了较大的进步。针对分段压裂水平井，Soliman 等人、Larsen 和 Hegre、Wan 和 Aziz 研究了定产情况下的试井分析。Wang 等人研究了考虑裂缝内导流能力的矩形边界储层的试井分析，从试井曲线可以看出分段压裂水平井进行生产时的六种主要流动阶段。

1.2.2 致密含水气藏产能方程

国外学者 Prats、Gringarten、Cinco-Ley 等领先众人进入了垂直裂缝产能评价领域。Prats 首先提出了垂直裂缝直井计算产能及裂缝参数优化的方法；Gringarten 等人更新了不考虑裂缝内损耗的垂直裂缝井产能试井理论，而后 Cinco-Ley 等人研究了有限导流试井理论；Guppy 等人在前人基础上进一步考虑了裂缝内气体高速非达西效应，丰富和完善了相关理论研究。

我国学者刘慈群等人对垂直裂缝井产能、试井解释、裂缝导流能力等进行了较多的研究。蒋廷学等人运用保角变换建立了油气藏垂直裂缝井产能模型，并指出对于产量较大的气井来说，在计算产能时考虑高速非达西的影响是有必要的。而后，大量学者纷纷探究了低渗气藏中应力敏感、气体滑脱现象、非达西渗流等对垂直裂缝井产能的影响，并建立了相关产能模型；刘志强等人针对低渗气藏，运用椭圆坐标研究垂直裂缝井，创建了考虑应力敏感和气水相渗的产能公式；王宏等人基于低渗气藏非均质性强的特点，给出 6 种渗透率分布模式，并针对 6 种不同渗透率模型分别给出了结合非达西低速及应力敏感的多种产能模型。

20 世纪 50~60 年代，苏联学者 Merlulov、Borisov 推导出水平井产能预测模型，由此踏入了水平井产能相关研究领域，而后，众多水平井产能预测模型接踵而来。近些年来，压裂改造工艺技术愈来愈成熟，压裂水平井产能开始备受关注。根据目前国内外压裂水平井产能预测模型推导思路，大致可分为以下三种类型。

(1) 以位势及势的叠加原理为基础，裂缝为对象。Giger 首先对压裂水平井产能进行了研究，其后 Soliman 假设裂缝中流体渗流模式为径向流，通过叠加单裂缝得到多裂缝产能模型。Hegre 等人基于数学变换来刻画裂缝内流体的渗流以及耦合裂缝与油藏中的流体流动。在我国，郎兆新等人以裂缝整体为目标，不考虑裂缝及井筒压降建立了压裂水平井产能模型，宁正福等人在郎兆新等人模型的基础上进行了完善。基于此思路，范海军等人建立了压裂水平井考虑应力敏感、滑脱以及高速非达西效应影响的产能预测模型。综上所述，运用位势及势的叠加原理的思路可对裂缝、井筒及耦合过程细致描述，但无法研究多相流的问题。

(2) 以保角变换、扰动椭圆理论及当量井径原理为基础，等效为直井渗流保角映射、扰动椭圆理论等是目前大部分垂直裂缝井产能计算方法的基础。范子菲等人以及 Guo 基于相似的保角变换的研究思路，第一步在拟稳定渗流状态下，分别求解出垂直裂缝及水平井的产能计算数学模型，接下来通过两者叠加，推导出压裂水平井处于稳定渗流状态下时的产能计算方法。基于保角变换，郭肖等人建立了考虑非均质性的低渗气藏产能模型；袁淋等人推出了考虑气井产水、应力敏感、气体滑脱、高速非达西效应和表皮效应的水平井产能模型；熊健等人针对低渗气藏，考虑变形介质渗透率随压力的变化、低速非达西以及污染等影响因素，推导出了压裂水平井产量计算模型；唐林等人以低渗气藏为研究目标，综合气体滑脱现象、非达西低速及应力敏感效应的影响，给出水平井修正产能计算方法；余曼等人推导出考虑应力敏感效应、气体滑脱及各向异性的致密气藏水平井产能模型。

除了上述两种方法以外，当量井径原理也是前人在进行产能研究时较常用的一种方法。Rajagopa 及魏建光等人分别以裂缝或裂缝微元段为目标，首先将研究目标等效为直井，其次基于压力叠加理论，给出了带有较多裂缝的水平井产能计算方法。魏漪等人推导出考虑应力敏感和低速非达西现象的基质-裂缝-井筒模型。张芨强等人引入椭圆坐标，推导出综合考虑应力敏感、气体滑脱现象及非达西渗流等影响的低渗气藏水平井气水两相产能方程。综上所述，将裂缝等效为直井计算其产能较上一种思路更为简便，但是无法求解拟稳态下的产能。

(3)基于液电相似性，运用等值渗流阻力法。水电相似原理及等值渗流阻力法的核心是利用液电相似性，运用欧姆定律串并联原理将复杂渗流问题简单化，以达到求解的目的。Liet 使用此方法进行了水平井产能的研究。杜勋等人通过保角变换、等值渗流阻力法等建立了同时考虑各向异性的 6 种低渗透气藏复杂渗流规律的水平井产能评价模型和方程。

1.2.3 气藏合理配产

气井的合理产量是根据气井的储层特征、流体性质和采气阶段特征确定的保证气井有较长稳产期的产量。气井产量过大会造成储层伤害和地层能量损失，过小则达不到经济开采。气田开发实践表明，对任何类型的气井，只要配产相对合理，基本都可以维持一段稳产期，然后进入产量递减阶段。保持气井以合理产量生产，不仅可以使气藏能在合理采气速度下获得较高的采收率和最好的经济效益，还可以使气井在较低投入下有较长时期的稳产。因此，气井合理产量的确定，是气田实现高产稳产和提高采出程度的关键，也是制定气田生产任务的重要依据和气藏动态分析的重要内容。

气井合理产量表现为合理利用地层能量，以及整体兼顾气藏开发，必须在充分掌握气藏地下和地面有关资料的基础上来确定。其确定的原则有如下五个方面：①最大可能合理利用地层能量，保持合理的采气速度；②保证气井井深结构不受破坏；③气井出水时间晚，不造成早期突发性水淹；④平稳供气，产能接替；⑤合理产量与市场需求相协调。

1. 无阻流量法

无阻流量法配产是建立在气井产能方程基础上，获得单井的无阻流量，按无阻流量的比例，从而确定气井的合理产量。该方法是在总结国内外大量气井生产实践的基础上而发展起来的，针对某一气藏在实际生产过程中，需要不断分析和调整；需要综合指导新井配产，使气井在一定压降速率和生产压差下，具备一定的稳产能力。

气井在生产过程中，不同阶段的产能方程不同，因此无阻流量也是变化的。根据采气曲线，可采用目前多个稳定生产段，建立目前产能方程，确定目前无阻流量。对二项式产能方程，如果在很短的一段时间内，气井的地层压力 p_r 变化不大，则都满足：

$$\begin{cases}\overline{p}_{\rm r}^2-p_{\rm wf1}^2=Aq_{\rm sc1}+Bq_{\rm sc1}^2\\ \overline{p}_{\rm r}^2-p_{\rm wf2}^2=Aq_{\rm sc2}+Bq_{\rm sc2}^2\\ \vdots\\ \overline{p}_{\rm r}^2-p_{\rm wf\it i}^2=Aq_{{\rm sc}i}+Bq_{{\rm sc}i}^2\end{cases} \tag{1-18}$$

将式(1-18)中的方程两两相减，整理后可得：

$$\frac{p_{{\rm wf}(i-1)}^2-p^2{}_{{\rm wf}\,i}}{q_{{\rm sc}i}-q_{{\rm sc}i\,(i-1)}}=A+B[q_{{\rm sc}i}-q_{{\rm sc}i\,(i-1)}] \tag{1-19}$$

从式(1-19)可以看出，$\frac{p_{{\rm wf}(i-1)}^2-p^2{}_{{\rm wf}\,i}}{q_{{\rm sc}i}-q_{{\rm sc}i\,(i-1)}}$与$[q_{{\rm sc}i}-q_{{\rm sc}i\,(i-1)}]$之间为线性关系，将稳定生产阶段的数据进行回归，能拟合出二项式产能方程系数 A、B，得到目前二项式产能方程，进而获得无阻流量。

2. 压差–产量曲线法

压差–产量曲线法是根据采气曲线，以二项式产能方程为基础，着重考虑如何降低因紊流(非线性)效应引起的附加压力降，根据采气指数对气井配产；气井的二项式产能方程可表示：

$$p_{\rm r}^2-p_{\rm wf}^2=Aq_{\rm sc}+Bq_{\rm g}^2 \tag{1-20}$$

式中：A 为地层层流系数；B 为地层紊流系数。

气体从地层流向井底的过程中，所消耗的压力平方差主要由两部分组成：第一部分 $Aq_{\rm sc}$为流体克服地层渗流阻力时所消耗的地层压力；第二部分 $Bq_{\rm sc}{}^2$ 为流体克服因紊流产生的附加阻力所消耗的地层压力。因此需尽可能地减少紊流所产生的附加阻力，同时兼顾气井的产量，合理利用地层能量。将 $p_{\rm wf}=p_{\rm r}-\Delta p$ 代入式(1-20)得：

$$\Delta p=\frac{1}{2p_{\rm r}-\Delta p}(Aq_{\rm g}+Bq_{\rm g}^2) \tag{1-21}$$

由式(1-21)可知，气井生产压差是关于气井产量 $q_{\rm g}$ 和地层压力 $p_{\rm r}$ 的函数，当地层压力 $p_{\rm r}$ 为一恒定值时，生产压差仅为气井产量 $q_{\rm g}$ 的函数。按照气井实际开发经验，生产压差 Δp 一般不能超过地层压力的 10%，因此有 $\Delta p\ll 2p_{\rm r}$，式(1-21)可转化为：

$$\Delta p\approx\frac{1}{2p_{\rm r}}(Aq_{\rm g}+Bq_{\rm g}^2) \tag{1-22}$$

从式(1-22)可以看出，当气井产量 $q_{\rm g}$ 较小时，生产压差 Δp 与气井产量 $q_{\rm g}$ 的曲线可近似为一条直线，表明气井产量 $q_{\rm g}$ 与生产压差 Δp 近似呈线性关系，即随着生产压差的增大气井产量 $q_{\rm g}$ 线性增加，地层气流表现为达西渗流，地层能量得到充分发挥；当气井产量 $q_{\rm g}$ 超过一定产量后，生产压差 Δp 与单井产量 $q_{\rm g}$ 不再是直线关系，而是开始偏离直线上翘转化为曲线，表明出现明显的非达西效应，气井生产时，部分能量消耗到非达西渗流上，即降低了生产压差 Δp 的利用率。为合理地利用地层能量，气井的合理产量就以曲线偏离直线上翘的拐点，即早期近似直线段的末端值作为基点。该基点值所对应的产量为合理产量，所对应的压差即为目前地层压力下的合理生产压差。

当气井产量 q_g 不高时，初期曲线表现为直线段，气体流动符合达西流，因此式(1-21)可表示为：

$$\Delta p=\frac{A}{2p_r-\Delta p}q_g \tag{1-23}$$

对一般纯气藏，生产压差 Δp 不能超过地层压力的10%，因此 $2p_r-\Delta p\approx 1.9p_r$，代入式(1-23)得：

$$\Delta p=\frac{A}{1.9p_r}q_g \tag{1-24}$$

为获得气井产量 q_g 与生产压差 Δp 的关系曲线，任取一组稳定产量 q_g 与井底流压 p_{wf} 的值，即可计算生产压差 $\Delta p=p_r-p_{wf}$ 的值。取一簇值，当产能方程已知时即可绘制试采气井的采气曲线，根据式(1-24)确定气井产量与生产压差 Δp 的关系曲线中初期直线段(称为气井基线)，曲线中开始偏离直线段的产量即为该井的合理产量，拐点处对应的产量即合理产量。

3. 井口压降速度近似法

对封闭气藏，当气井流动达到拟稳态时，地层中各点压降速度基本相等，不同时刻的压降漏斗曲线近似平行。该方法基于物质平衡原理，建立了井口油压与产气量之间的函数关系，从而确定合理产量。

封闭定容气藏，物质平衡方程为：

$$\frac{p}{Z}=\frac{p_i}{Z_i}\times\left(1-\frac{G_p}{G}\right) \tag{1-25}$$

由于视地层压力与视井口压力曲线具有相同的特征，式(1-25)可表示为：

$$\frac{p_{wi}}{Z_i}-\frac{p_{wh}}{Z}\approx\frac{p_i}{Z_i}\frac{G_p}{G} \tag{1-26}$$

式(1-26)两端同时乘以原始地层压力所对应的压缩系数 Z_i，得：

$$p_{wi}-\frac{Z_i}{Z}p_{wh}=p_i\frac{G_p}{G} \tag{1-27}$$

定义修正系数 β 有：

$$\beta=\frac{p_{wi}-\dfrac{Z_i}{Z}p_{wh}}{p_{wi}-p_{wh}} \tag{1-28}$$

代入式(1-27)可表示为：

$$\beta(p_{wi}-p_{wh})=p_i\frac{G_p}{G} \tag{1-29}$$

将式(1-29)两端同时除以时间 t，可表示为：

$$\beta\left(\frac{p_{wi}-p_{wh}}{t}\right)=\frac{p_i}{G}\frac{G_p}{t} \tag{1-30}$$

将井口压降速度 $V_{\Delta p_{wh}}=\frac{p_i}{G}Q$，代入式(1-30)，产量可表示为：

$$Q=\beta V_{\Delta p_{wh}}\frac{G}{p_i} \tag{1-31}$$

通过绘制 $Z-p$ 关系曲线，统计当压力处于原始地层压力与废气压力(约为 4MPa)范围内时，Z_i/Z 为 0.95~1.20，β 值为 0.881~1.006，取其平均值 0.938 作为经验值，代入式(1-31)，即可建立经验公式：

$$Q=0.938V_{\Delta p_{wh}}\frac{G}{p_i} \tag{1-32}$$

由式(1-32)可知，当确定了井口压降速度 $V_{\Delta p_{wh}}$ 值时，即可求得对应的产量近似为气井合理产量。

式中：p_i 为原始地层压力，MPa；p 为某时刻地层压力，MPa；p_{wi} 为投产前井口油压，MPa；p_{wh} 为压力 p 下所对应的井口油压，MPa；Z_i 为原始压缩因子；Z 为压力 p 下所对应的压缩因子；G_p 为气井累积产量，10^4m^3；G 为单井控制储量，10^4m^3；β 为修正系数；Q 为气井产量，$10^4m^3/d$；$V_{\Delta p_{wh}}$ 为井口压降速度，MPa/d。

4. 节点分析法确定单井产量

气井的生产是一个连续的流动过程，气体从地层流向地面主要经过如下两个流动过程：气体从气层通过孔隙或裂缝流向井底，并通过射孔井段流入井筒；再从井筒通过油管举升流到井口。气井的流入动态描述了气井产量与井底流压的动态关系，可以通过二项式产能方程得到，是由地层条件确定的，反映了气层向气井供气的能力。气井的流出动态描述了井底流动压力与井口产气量的变化关系，通过垂直管流动方程得到，是由井筒条件确定的。节点分析法是将整个开采系统作为一个整体，以产量和压力变化为依据，根据流体在气层和井筒中的流动，以节点分析为基础，将流入流出动态综合在一起进行系统分析的一种方法。在进行气井节点分析时，将地层段流动视为流入部分，井筒段流动视为流出部分，根据二项式产能方程绘制气井流入动态 IPR 曲线，根据垂直井筒管流法计算出气井流出动态 OPR 曲线，气井流入动态曲线与流出动态曲线的交点，表示气井处于流入与流出能力协调生产状态，所对应的产量就是气井工作的合理产量。

节点分析法确定合理产量的步骤如下：

(1)根据采气资料，取一组产量，由气井产能方程，求出该组产量下所对应的井底流压，绘制出目前阶段的流入动态 IPR 曲线。

(2)利用单相气体垂直管流公式，取一组产量，根据式(1-33)由井口油压计算井底流压，绘制油管流出动态 OPR 曲线。

$$p_{wf}=\sqrt{p_{tf}^2 e^{2s}+\frac{1.324\times10^{-18}f(\overline{T}\overline{Z}q_{sc}^2)}{d^5}(e^{2s}-1)} \tag{1-33}$$

式中：p_{wf}为气井井底流压，MPa；p_{tf}为气井井口油压，MPa；d 为油管内径，m；$\overline{T}$ 为井筒平均温度，K；$\overline{Z}$ 为井筒平均偏差系数；q_{sc}为地面流量，m^3/d。

(3) IPR 曲线和 OPR 曲线的交点即协调点，以此确定最大合理产量。

(4) 考虑风险系数为 0.8，折算出实际的合理产量。

2　致密含水气藏非线性单相渗流特征

致密气藏具有低渗、低孔、高含水饱和度、强层内和层间非均质性的特征，这种复杂的储层特征与普通砂岩储层相比，气体在致密砂岩储层中渗流时具有启动压力梯度、滑脱效应、扩散流、高速非达西渗流等非线性渗流特征；同时压裂造成的次生裂缝对井筒周围渗透率的改变同样会影响气体的渗流特征。

2.1　脉冲法测试岩心渗透率

脉冲法实验流程连接时，主要在测试岩样两端各连接一个容积相等且完全封闭的容器。测试时待上下容器和岩样内部压力平衡后，对上端容器施加一个小的压力脉冲，流体流过岩样逐渐向下端容器流入，上端容器的压力将逐渐降低，下部容器的压力将逐渐增加，同时监测并记录两端压力随时间的变化情况，最后绘制上下游压差衰减曲线。

利用脉冲法测试了25块岩心的渗透率。首先将岩心烘干测试基础数据。按照测试流程图2-1连接实验设备，实验设定围压为30MPa，温度为25℃，将岩心及两端中间容器

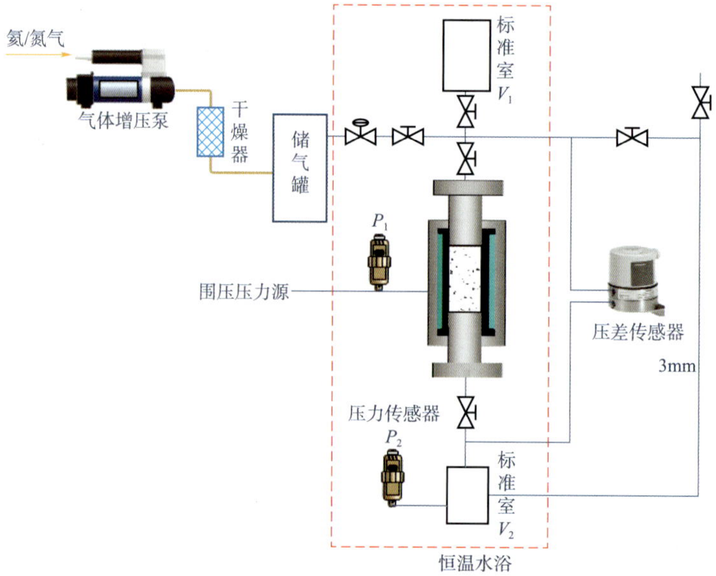

图2-1　脉冲渗透率测试流程图

充入 9MPa 高纯氮气备用。待上下容器和岩样内部压力平衡后，关闭一端中间容器，将充入 9.5MPa 压力，压力稳定后打开阀门，上游容器的压力将逐渐降低，下游容器的压力将逐渐增加，监测两端压力随时间的变化情况并绘制上下游压力及压差曲线，直至上下游容器内达到新的压力平衡状态，根据上下游压力差随时间变化的曲线，拟合计算测试岩心脉冲渗透率。

脉冲法渗透率测试理论模型控制方程：

$$\frac{\partial^2 p}{\partial x^2}=\frac{C\mu\phi}{K}\frac{\partial p}{\partial t} \tag{2-1}$$

初始条件：

$$p(x,\ 0)=P_2 \quad (0<x<L) \tag{2-2}$$

边界条件：

$$V_1 C\frac{\partial p_1}{\partial t}=\frac{AK}{\mu}\frac{\partial p}{\partial x}\bigg|_{x=0} \tag{2-3}$$

上下游压差：

$$p_1-p_2=\Delta p_i \mathrm{e}^{-2\frac{AP_t K}{\mu L V}t} \tag{2-4}$$

其中 25 块岩心基础数据和渗透率测试结果见表 2-1。

表 2-1　岩心脉冲渗透率分析表

序号	井号	岩心号	井深/m	层位	长度/cm	直径/cm	脉冲渗透率/$10^{-3}\mu m^2$	克氏渗透率/$10^{-3}\mu m^2$（30MPa）	克氏渗透率/脉冲渗透率
1	锦 116	1-1/57	2969.56	盒 1-1	6.172	2.524	0.00938	0.0072	0.77
2	锦 93	3-24/35	3036.83	盒 1-2	5.239	2.519	0.02931	0.0278	0.95
3	锦 92	3-55/65	3075.91	盒 1-1	5.077	2.518	0.06212	0.0525	0.85
4	锦 77	4-46/55	2705.77	盒 1-1	6.27	2.443	0.19636	0.161	0.82
5	锦 53	1-22/56	2892.32	盒 1-3	5.537	2.475	0.16936	0.1423	0.84
6	锦 32	1-48/111	2944.2	盒 1-1	5.347	2.405	0.13725	0.1149	0.84
7	锦 7	4-12/73	2793	盒 2-1	6.144	2.517	0.01837	0.0151	0.82
8	锦 7	5-39/57	2827.94	盒 1-2	5.354	2.514	0.00758	0.0076	1
9	锦 7	5-55/57	2831.01	盒 1-2	5.703	2.518	0.00256	0.002	0.78
10	锦 7	5-26/57	2825.26	盒 1-2	6.108	2.52	0.0005	0.0006	1.19
11	锦 90	2-4/31	2985.74	盒 1-2	6.442	2.468	0.01146	0.0087	0.76
12	锦 7	6-14/18	2841.2	盒 1-2	5.264	2.512	0.03353	0.0274	0.82

续表

序号	井号	岩心号	井深/m	层位	长度/cm	直径/cm	脉冲渗透率/$10^{-3}\mu m^2$	克氏渗透率/$10^{-3}\mu m^2$ (30MPa)	克氏渗透率/脉冲渗透率
13	锦 21	2-13/33	2873.04	盒 1-1	6.112	2.504	0.03906	0.0335	0.86
14	锦 21	2-21/33	2873.98	盒 1-1	5.869	2.52	0.02949	0.0292	0.99
15	锦 48	3-36/46	2604.32	盒 1-3	6.473	2.518	0.05774	0.0572	0.99
16	锦 116	2-42/49	2986.19	盒 1-1	5.811	2.511	0.13061	0.1413	1.08
17	锦 9	2-43/49	2994.97	盒 1-2	5.693	2.52	0.28162	0.3427	1.22
18	锦 48	2-1/47	2547.19	盒 3-1	5.451	2.527	0.13714	0.0708	0.52
19	锦 72	1-5/47	2941.68	盒 1-1	5.269	2.519	0.26712	0.1797	0.67
20	锦 72	1-3/47	2941.38	盒 1-1	5.026	2.52	0.42783	0.283	0.66
21	锦 116	1-23/57	2973.1	盒 1-1	5.932	2.523	0.09225	0.0908	0.98
22	锦 116	2-23/48	2987.92	盒 1-1	4.567	2.525	0.2566	0.2725	1.06
23	锦 116	1-34/57	2975.01	盒 1-1	6.099	2.525	0.02024	0.0224	1.11
24	锦 53	1-13/56	2891.2	盒 1-3	5.36	2.525	0.06259	0.0628	1
25	锦 91	4-39/57	2990.98	盒 1-2	6.109	2.526	0.03209	0.029	0.9

选取 12 块岩心实验数据进行分析，结果如图 2-2、图 2-3、图 2-4 和图 2-5 所示。从图 2-2 可以看出，岩心上、下游压力呈“剪刀差”式变化；从图 2-3 可以看出，上、下游压差随测试时间呈指数递减(相关系数 R^2 均在 0.99 以上)，与理论模型预测规律一致，根据递减指数可计算岩心脉冲渗透率；从图 2-4 可以看出，岩心脉冲渗透率约为覆压(围压 30MPa)克氏渗透率的 1.2 倍，两者相关性较好；从图 2-5 可以看出，岩心脉冲渗透率约为常规(围压 3MPa)克氏渗透率的 0.1 倍。脉冲渗透率可以更准确有效地代表真实储层环境条件下的渗透率，用来描述储层的渗流能力，因此，脉冲渗透率作为储层有效的物性参数来对气藏进行后续研究评价具有可行性。

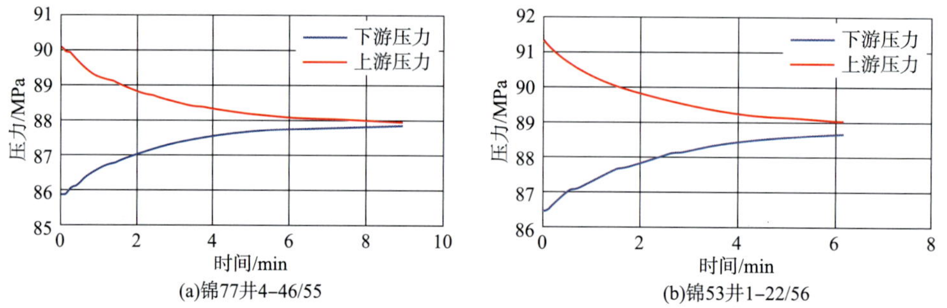

图 2-2 测试过程中上下游压力变化曲线

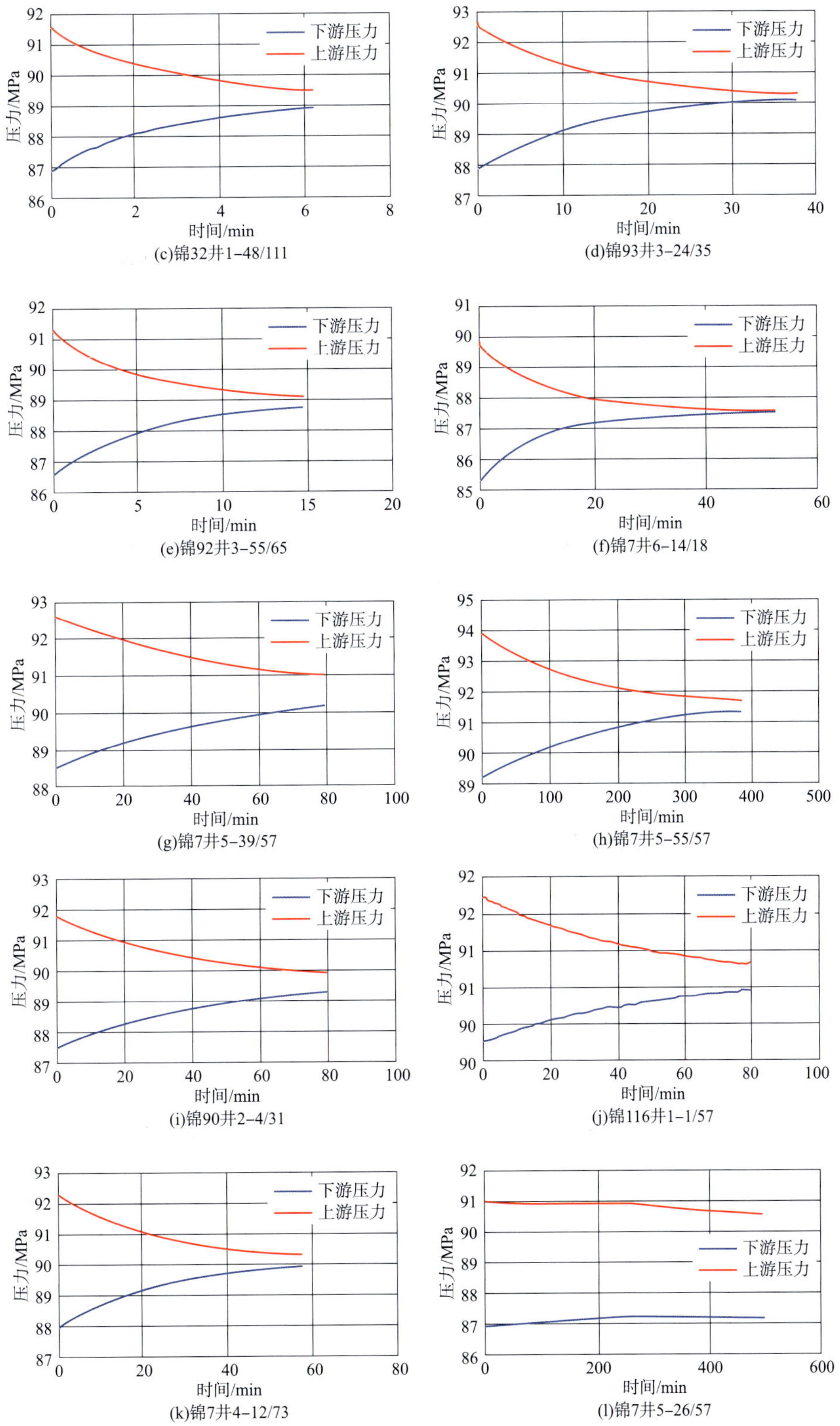

图 2-2 测试过程中上下游压力变化曲线(续)

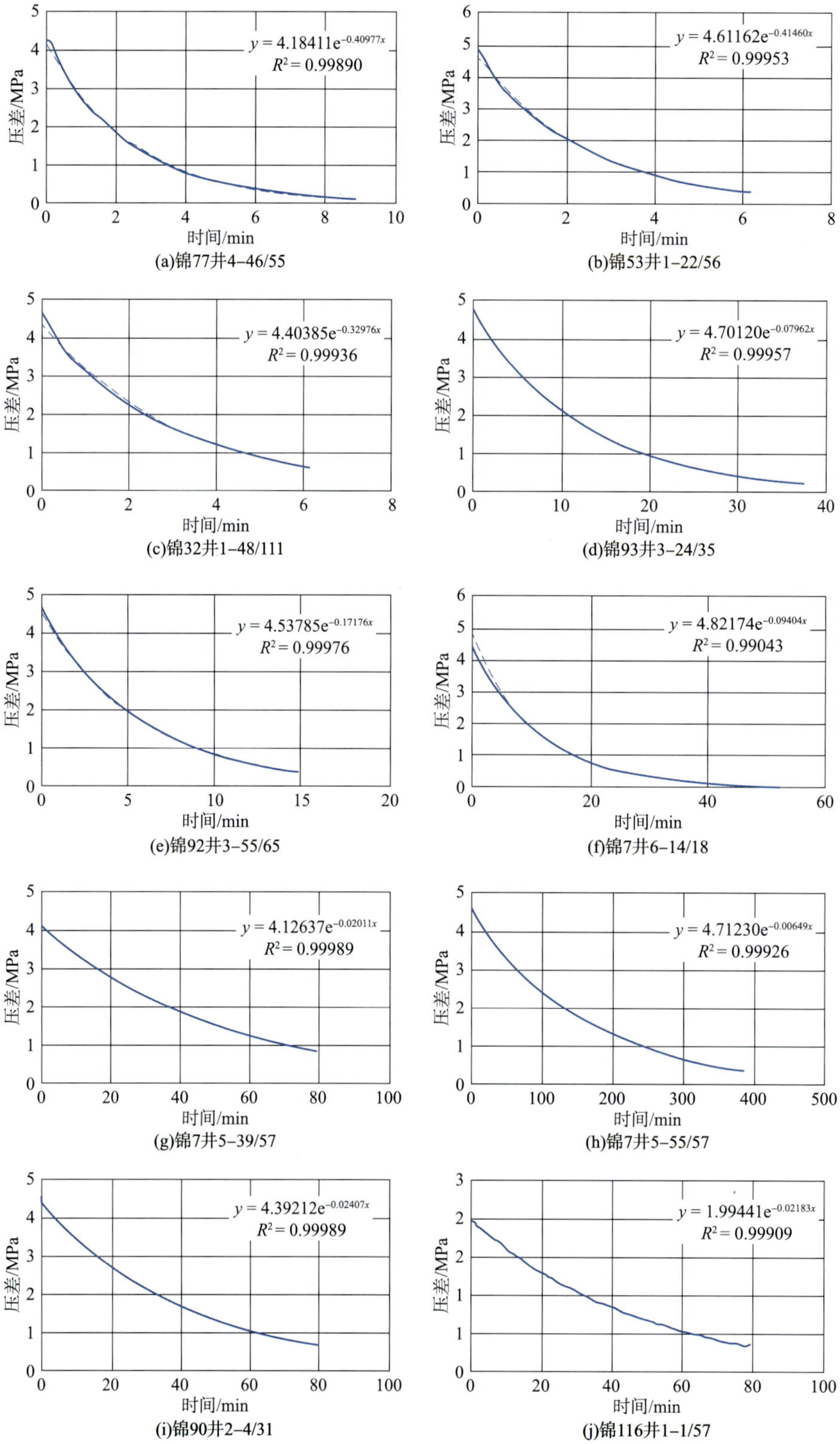

图 2-3 测试过程中上下游压差变化曲线

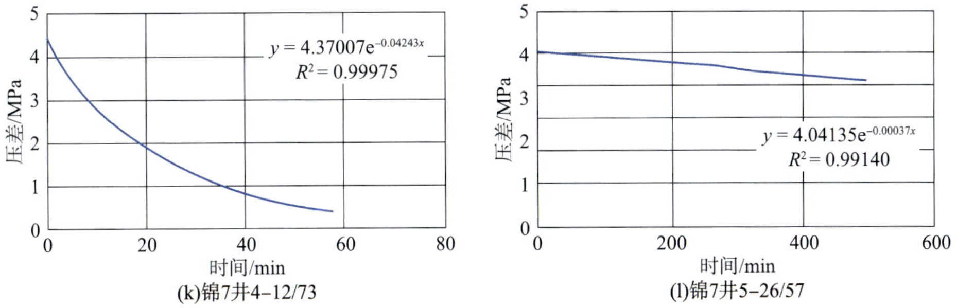

图 2-3　测试过程中上下游压差变化曲线(续)

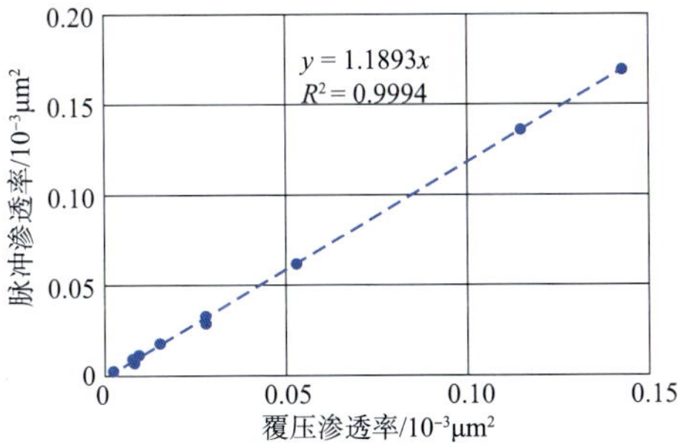

图 2-4　脉冲渗透率与覆压克氏渗透率关系

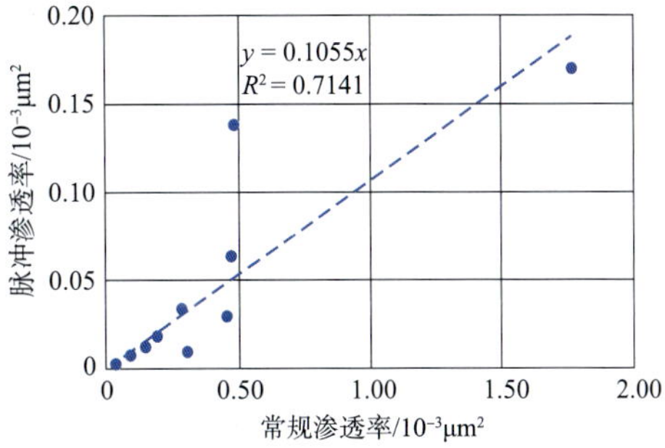

图 2-5　脉冲渗透率与常规克氏渗透率关系

2.2　储层微观结构特征与含水饱和度

致密砂岩储层的微观结构是导致储层特殊渗流机理的主要原因，同时也会对储层的含水特征产生极大影响。

2.2.1　岩心微观结构特征

目前主要采用 X 射线 CT 扫描技术开展储层微观特征研究，其原理是利用锥形 X 射线穿透物体，通过不同倍数的物镜放大图像，由 360°旋转所得到的大量 X 射线衰减图像重构出三维的立体模型。CT 图像反映的是 X 射线在穿透物体过程中能量衰减的信息，因此，三维 CT 图像能够真实地反映出岩心内部的孔隙结构与相对密度大小。基于 CT 三维扫描并利用图像分析技术，获取岩心内部矿物与孔隙结构、分布特征，包括孔隙、矿物体积百分比、孔隙与喉道大小、长度、分布、形状因子等，并给出二维、三维空间展示。测试仪器为 Carl Zeiss 三维立体 X 射线 CT 扫描仪(设备如图 2-6 所示)。

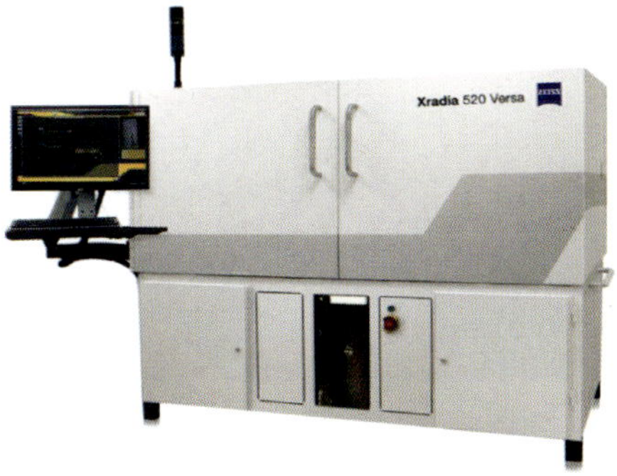

图 2-6　Carl Zeiss 三维立体 X 射线显微镜

实验岩心的基础信息见表 2-2。

表 2-2　三维 CT 扫描岩心基础信息

序号	井号	层位	深度/m	岩性	孔隙度/%	渗透率/$10^{-3}\mu m^2$	密度/(g/cm^3)
1	锦 136	盒 1	3562.71	浅灰色中粗砂岩	1.7	0.08	2.61

岩心的数字三维展示图如图 2-7 所示。

图 2-7　CT 扫描数字岩心三维展示

通过增强对比度，滤波除噪，进一步区分基质与孔隙，并对岩心中的矿物进行分析。结果表明，岩心中孔隙占岩心体积的 0.75%，矿物占比 0.42%，其他基质占比 98.83%（图 2-8、图 2-9）。

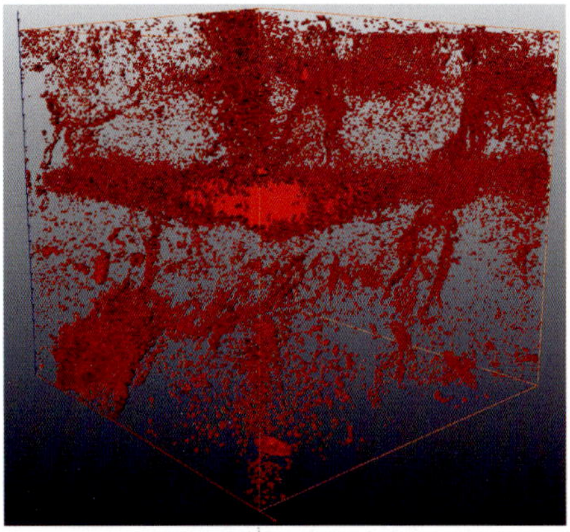

图 2-8　岩心孔隙分布三维展示

图 2-9　岩心矿物分布三维展示

基于最大球法，利用球棍模型对孔隙进行简化，并提取相应的孔隙与喉道参数。图 2-10 为提取的球棍模型三维展示图，其中孔隙用球表示（红色），喉道用棍表示（绿色），最终得到岩心的球棍模型。

利用数字岩心分析软件对孔隙进行计算，对喉道半径、孔隙半径、孔喉比、配位数、喉道长度、孔隙形状因子、喉道形状因子等参数进行定量表征。最终喉道和孔隙的定量评价结果见表 2-3 和表 2-4。

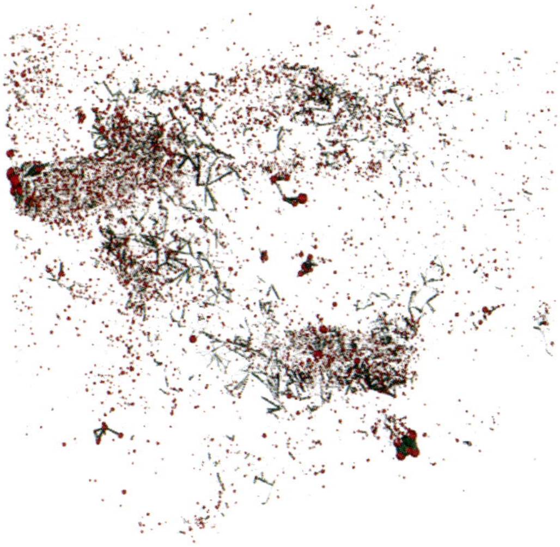

图 2-10　岩心球棍模型三维展示

表 2-3　喉道定量参数

喉道参数	分析结果
喉道数目	11369
最大喉道半径/μm	16. 86578
平均喉道半径/μm	1. 34901928
最大喉道体积/μm³	35673. 14
平均喉道体积/μm³	114. 8361948
最大喉道长度/μm	42. 93909
平均喉道长度/μm	5. 797368508
喉道中黏土体积/μm³	0

表 2-4　孔隙定量参数

孔隙参数	分析结果
孔隙总数	12041
最大孔隙半径/μm	16. 92496
平均孔隙半径/μm	1. 89224538
最大孔隙体积/μm³	518126
平均孔隙体积/μm³	8. 53
孔隙中黏土体积/μm³	0
最大配位数	62
平均配位数	1. 851175152

2.2.2 岩心含水饱和度分析

对于常规储层来说，常规的饱和度分析基本可以支撑后期分析和计算的需要；但对于致密储层而言，由于其储层孔喉结构复杂，在微小喉道和高毛管力作用控制下有相当一部分原始含水处于无法流动的状态，此时常规的饱和度测试结果已经无法为后续分析提供可靠参考。为了研究致密储层的含水饱和度，采用了核磁共振测试技术，可以明确岩心中可动和不可动流体情况。

核磁共振可动流体测试中，要求技术指标为最大工作温度 155℃/0.5h，最大工作压力 137.9MPa，钻井液最小电阻率 0.02Ω · m，电子线路交流电电压 180V，频率 60Hz，电流 250mA，探头直流电电压 600V，800mA/脉冲。

测量横向弛豫时间 T_2 时的采集参数主要包括：

(1)回波间隔 T_E：以提高对衰减快的短横向弛豫分量的分辨能力及减小扩散对横向弛豫测量的影响为设置原则。

(2)完全恢复时间：以使纵向磁化矢量能够完全恢复为设置原则。

(3)采集回波个数 N_{ECH}：以提高信噪比，增强对衰减慢的长横向弛豫分量的分辨能力为设置原则。

(4)采集扫描次数 N_S：以提高信噪比为设置原则，信噪比宜控制在 80dB 以上。

(5)接受增益 RG：在信号不失真的条件下，以提高信噪比为设置原则，信噪比宜控制在 80dB 以上。

测量纵向弛豫时间 T_1 时的采集参数主要包括：

(1)180°脉冲与 90°脉冲之间的测量时间序列：时间序列采用对数取点法，取点个数为 10~20 个，最短时间通常为 0.05ms，最长时间通常应大于 $5T_1$。

(2)完全恢复时间：所设值为横向弛豫时间 T_2 测量时所设完全恢复时间的 1.5 倍。

(3)采集扫描次数 N_S、接受增益 RG 的设置在不失真的条件下，信噪比宜控制在 80dB 以上。

1. 实验样品

核磁共振测试中实验样品见表 2-5，实验中涉及样品 10 块。

表 2-5 核磁共振测试实验样品

序号	样品编号	井号	层位	深度/m	岩性	上覆地层压力/MPa	原始地层压力/MPa
1	6	锦 119	盒 1	3368.12	浅灰色粗砂岩	79.15	30.31
2	9	锦 119	盒 1	3372.44	浅灰色中粗砂岩	79.25	30.35

续表

序号	样品编号	井号	层位	深度/m	岩性	上覆地层压力/MPa	原始地层压力/MPa
3	13	锦 120	盒 1	2572. 29	浅灰色中砂岩	60. 45	23. 15
4	17	锦 136	盒 1	3562. 71	浅灰色中粗砂岩	83. 72	32. 06
5	21	锦 137	盒 1	3422. 38	浅灰色中砂岩	80. 43	30. 8
6	22	锦 137	盒 1	3422. 93	浅灰色粗砂岩	80. 44	30. 81
7	23	锦 137	盒 1	3424. 08	浅灰色中粗砂岩	80. 47	30. 82
8	26	锦 137	山 2	3474. 10	浅灰色中砂岩	81. 64	31. 27
9	28	锦 144	盒 1	3223. 36	灰白色细砂岩	75. 75	29. 01
10	44	锦 51	盒 1	2732. 94	浅灰色中砂岩	64. 22	24. 6

2. 实验结果

核磁共振实验结果见表 2-6。可以看出，10 块样品的可动流体饱和度主要介于 40. 99%~75. 54%，可动流体饱和度平均为 56. 87%，表明流体流动性较好。

表 2-6　核磁共振测试实验结果

序号	样品编号	孔隙度/%	水平渗透率/$10^{-3}\mu m^2$	密度/(g/cm^3)	核磁孔隙度/%	可动流体孔隙度/%	可动流体饱和度/%
1	6	9. 7	1. 37	2. 42	9. 60	5. 03	52. 15
2	9	7	0. 69	2. 49	7. 00	4. 16	59. 51
3	13	6. 4	0. 28	2. 51	6. 20	3. 43	55. 30
4	17	1. 7	0. 08	2. 61	1. 60	0. 66	40. 99
5	21	7. 9	0. 56	2. 47	7. 70	5. 80	75. 54
6	22	6. 2	0. 26	2. 52	6. 10	3. 56	58. 13
7	23	9. 1	1. 13	2. 42	9. 00	6. 70	74. 09
8	26	9. 2	1. 19	2. 43	9. 10	6. 01	66. 21
9	28	4. 4	0. 17	2. 53	4. 20	1. 85	43. 82
10	44	10. 1	0. 61	2. 44	10. 00	4. 29	42. 95

以样品 6 为例，其具体核磁共振测试实验结果见表 2-7、图 2-11 和图 2-12。从图中可以看出，样品 6 离心力作用后，T_2 谱形态变化明显，并且右侧下降幅度明显大于左侧，说明可动流体主要分布在大孔和中孔，而微孔中的流体没有排出，则成为束缚流体。

表 2-7 样品 6 核磁共振测试结果

岩样核磁共振参数测试报告							
油 田	华北油气分公司	直径/cm	2.521	测试温度/℃	35	氦孔隙度/%	9.7
地 区	杭锦旗	长度/cm	5.281	等待时间/s	6	空气渗透率/$10^{-3}\mu m^2$	1.37
井 号	锦 119	质量(干样)/g	63.0150	回波间隔/ms	0.2	常规束缚水/%	51.52
层 位	盒 1	质量(饱和)/g	65.5858	扫描次数	128	水孔隙度/%	9.7
井 深/m	3368.12	质量(离心)/g	64.3395	接受增益/%	80	矿化度/(mg/L)	20000
取心编号	/	质量(水中)/g	39.1258	回波个数	4096	岩性	粗砂岩
原始编号	6	可动流体孔隙度/%		5.03		备注	/
实验编号	6	可动流体饱和度/%		52.15			
刻度因子		0.00000843		几何平均(饱和)/ms		11.126	
T_2 截止值/ms		10.24		算术平均(饱和)/ms		33.208	
核磁束缚水饱和度/%		50.61		几何平均(离心)/ms		5.061	
核磁孔隙度/%		9.6		算术平均(离心)/ms		8.648	

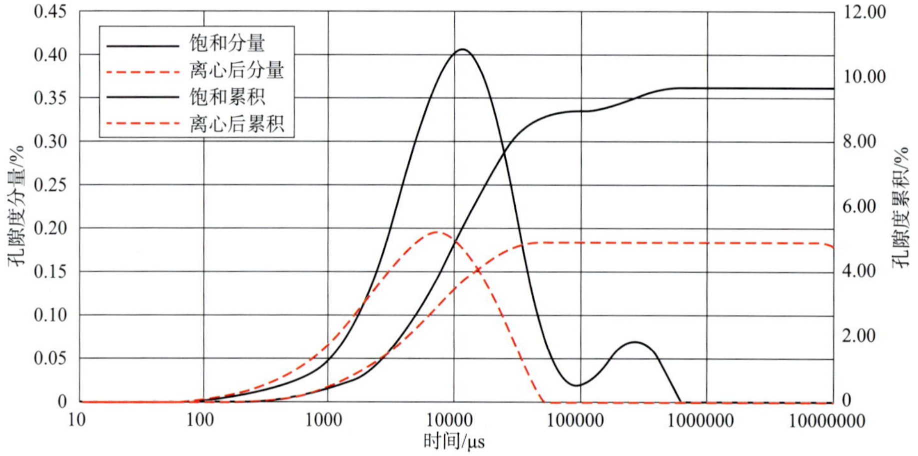

图 2-11 样品 6 核磁共振 T_2 谱分布图

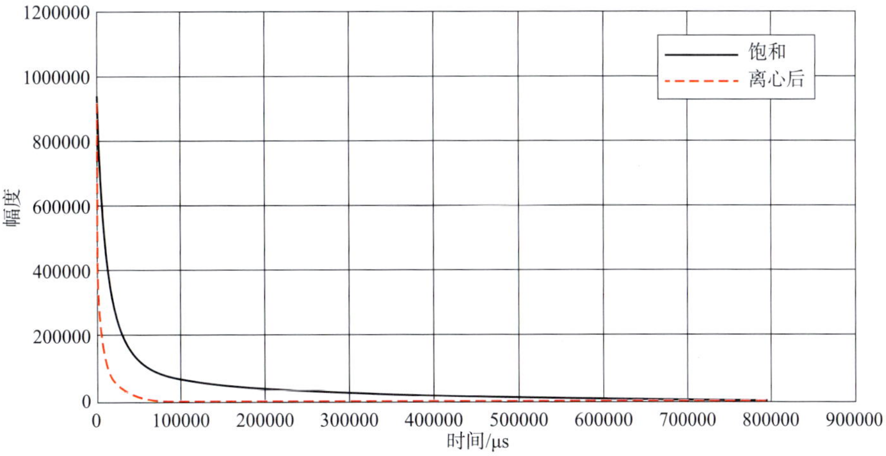

图 2-12　样品 6 核磁共振 T_2 衰减曲线

3. 结果分析

对所有实验样品结果进行综合分析表明：核磁共振样品参数孔隙度与渗透率具有较好的指数相关关系，且呈正相关，表明岩样储集空间介质为孔隙型。从图 2-13 和图 2-14 可以看出，可动流体饱和度与渗透率呈正相关，可动流体孔隙度参数与孔隙度呈正相关。其主要原因是可动流体饱和度主要受渗透率控制，可动流体孔隙度是可动流体饱和度与孔隙度的乘积，故而可动流体孔隙度参数与孔隙度的相关关系更好。

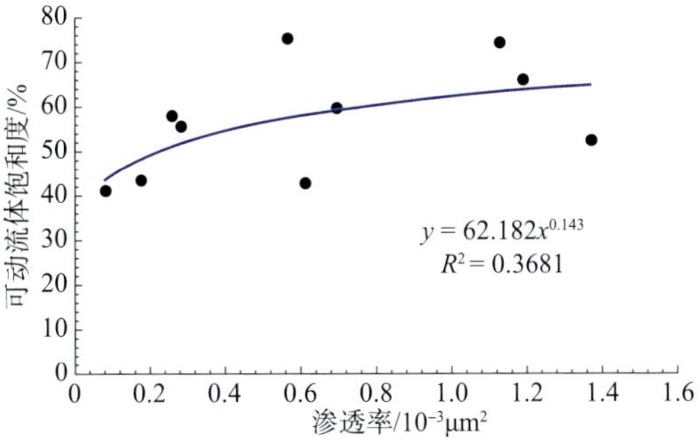

图 2-13　可动流体饱和度与渗透率的相关关系

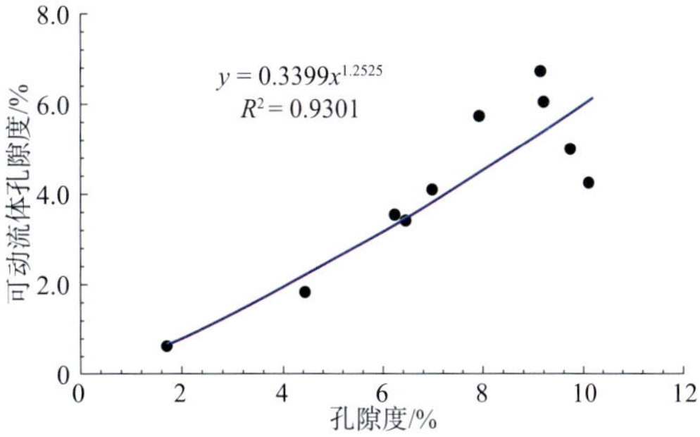

图 2-14　可动流体孔隙度与孔隙度的相关关系

2.3　储层岩心启动压力梯度

对于致密储层来说，其低孔低渗的储层特征使得储层流体(油、气、水)的渗流规律同中、高渗储层存在很大差别，大多数学者认为致密储层存在启动压力梯度，致使流体在致密储层中呈现非线性(非达西)渗流特征。所谓启动压力梯度，是指储层中的流体克服某一附加阻力并开始流动时的压力梯度，启动压力梯度的存在对致密储层的流体渗流造成很大影响。

2.3.1 致密岩心储层条件下的启动压力梯度

为了研究致密气藏的启动压力梯度特征，首先通过实验研究了常压(101kPa)和储层条件下含束缚水致密岩心的启动压力梯度。

实验岩心为研究目标区致密气藏天然岩心，其基础物性见表2-8。

表2-8 启动压力梯度测试岩心基础物性

岩心号	直径/cm	长度/cm	常压孔隙度/%	常压渗透率/$10^{-3}\mu m^2$	备注
1	2.534	5.968	5.51	0.05	常规岩心
2	2.536	6.210	6.98	0.17	常规岩心
3	2.538	4.254	8.46	0.53	常规岩心
4	2.535	6.041	10.63	1.24	常规岩心
5	2.538	6.084	10.95	3.94	裂缝性岩心

通过实验对比不同岩心在储层条件和常压下的启动压力梯度来明确致密气藏岩心在储层条件下的启动压力梯度特征。储层条件下启动压力梯度测试中孔隙流体压力设定为气田原始地层压力，为26MPa，围压为39MPa。为了避免由于孔隙流体压力不同导致的渗透率变化对启动压力梯度测定结果的影响，在常压测试中，孔隙流体压力为0.101MPa，围压设定为13.101MPa，即两组实验中岩心所受的有效应力相同，均为13MPa，因此，可以认为两组实验岩心的渗透率相同，以尽可能保证测试结果的可靠性。

5块岩心在储层条件和常压下的启动压力梯度测定结果如图2-15所示，储层条件下测得的启动压力梯度均高于常压下的测定结果，且岩心渗透率越低，两种条件下的测定结果差异越明显，高渗透岩心差别不大。这是因为在常压下，气体渗流的滑脱效应显著，岩心视渗透率增大，通过岩心的气体流量增大，测得的启动压力梯度偏低；岩心渗透率越低，滑脱效应越明显，导致两种条件下测得的启动压力梯度差异越大。

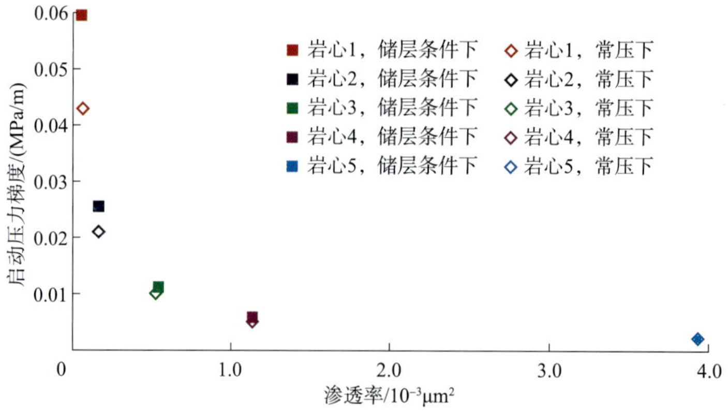

图2-15 致密气藏岩心在储层和常压条件下的启动压力梯度

为了更准确地研究孔隙流体压力对致密气藏启动压力梯度的影响，进行了更精细的分组实验。设定孔隙流体压力分别为 0.101MPa（常压）、1MPa、3MPa、6MPa、10MPa、15MPa、20MPa 和 26MPa；相应的围压分别为 13.101MPa、14MPa、16MPa、19MPa、23MPa、28MPa、33MPa 和 39MPa，实验的围压和孔隙流体压力之差恒定为 13MPa，尽可能确保岩心渗透率的恒定。测试结果如图 2-16 所示，当孔隙流体压力较低时，致密气藏岩心的启动压力梯度随着孔隙流体压力的增大而快速增大；当孔隙流体压力大于 6MPa 后，启动压力梯度变化幅度减小，最终逐渐趋于稳定。这主要是因为：当孔隙流体压力较低时，滑脱效应对气体在致密气藏岩心中的渗流影响较大，导致岩心视渗透率偏高，测得的启动压力梯度偏低；随着孔隙流体压力的增大，滑脱效应越来越不明显，故启动压力梯度逐渐趋于稳定。

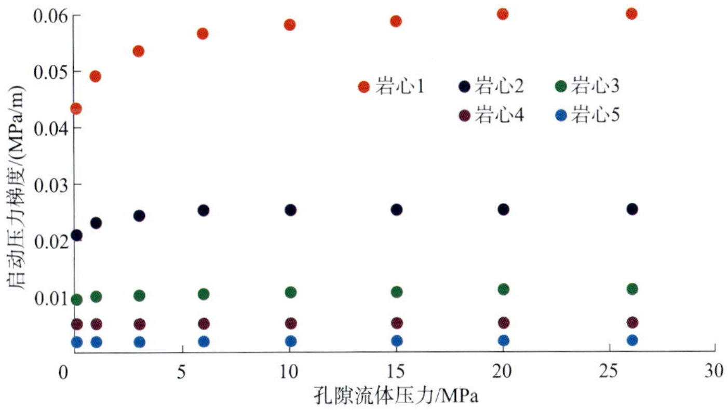

图 2-16　不同孔隙流体压力下致密气藏岩心的启动压力梯度

随着孔隙流体压力的变化，渗透率较低岩心的启动压力梯度的变化幅度较大，渗透率较高岩心的启动压力梯度的变化幅度较小；随着孔隙流体压力的变化，渗透率大于 1×10^{-3} μm^2 的 2 块岩心的启动压力梯度基本不变。这是因为，渗透率越低，滑脱效应越明显，对最终启动压力梯度的影响也就越大。

综上所述，储层条件下测得的启动压力梯度和常压下测得的结果相差较大，且渗透率越低，两者差异越大。而在实际致密气藏储层中，孔隙内流体均处在高温高压状态下，因此，常压下测试对最终的结果造成很大影响，为了更准确地得到储层条件下致密气藏岩心的启动压力梯度，必须在储层条件下开展实验研究。

2.3.2　致密岩心动态启动压力梯度特征

在气藏开发过程中，随着储层中流体的产出，储层孔隙流体压力逐渐降低，岩心的启动压力梯度随着孔隙流体压力的变化而发生变化；另外，储层孔隙流体压力的变化将导致作用于储层岩心的有效应力发生改变，储层渗透率也随之改变，也将导致储层启动压力梯度的变化。

常规观点普遍认为，对于某一特定岩心来说，其启动压力梯度为定值；但在致密气藏开发过程中，储层孔隙流体压力和渗透率的变化是一个动态过程，导致在实际储层中岩心启动压力梯度的变化也是一个动态过程，因此常规的启动压力梯度定义并不能描述启动压力梯度的动态变化过程。由此推断，气藏开发过程中的启动压力梯度存在动态变化，即“动态启动压力梯度”。

以岩心 1 为例，通过实验研究致密气藏岩心开发过程中的动态启动压力梯度现象。采用定围压为 39MPa，模拟目标储层的上覆地层压力；通过高精度回压泵和回压阀，控制流动系统的压力由高到低，模拟随着气藏的开发，储层中流体不断采出、孔隙流体压力不断下降的过程；在孔隙流体压力的下降过程中，每次流动稳定后开始测试相应压力下的启动压力梯度，结果如图 2-17 所示。

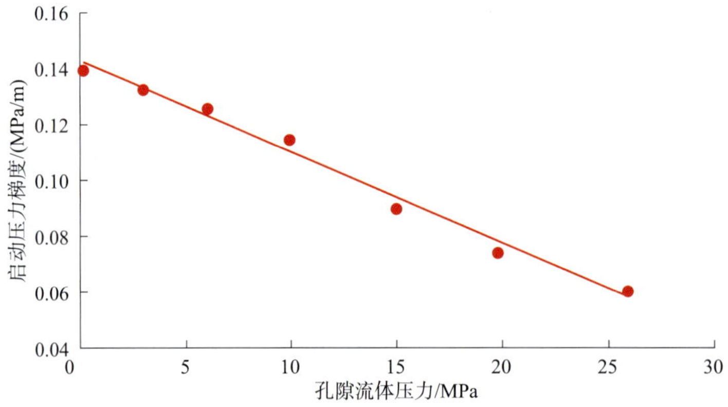

图 2-17　岩心 1 的动态启动压力梯度测试结果

由图 2-17 可以看出，随着孔隙流体压力的降低，岩心 1 的启动压力梯度总体呈线性上升趋势，且在孔隙流体压力下降初期上升速度较快，后期上升速度逐渐变缓。这个变化趋势与图 2-16 中的启动压力梯度变化趋势相反。这是因为：图 2-16 的实验中仅考虑了孔隙流体压力的变化对启动压力梯度的影响，随着孔隙流体压力的降低，围压也不断降低，岩心渗透率基本不变；而在图 2-17 的实验中，围压固定，因此在孔隙流体压力降低的同时，岩心所受的有效应力也逐渐增大，其渗透率也随之降低。根据前人的研究结果，在孔隙流体压力下降初期，岩心的渗透率将迅速下降，而岩心启动压力梯度将随着渗透率的降低而升高。因此，在孔隙流体压力下降初期，实验岩心的启动压力梯度迅速上升。当孔隙流体压力进一步下降时，一方面，岩心的渗透率逐渐趋于稳定，因此岩心的启动压力梯度变化幅度也将降低；另一方面，当孔隙流体压力较低时，滑脱效应对气体渗流造成较大的影响，导致岩心视渗透率偏高，也使得岩心启动压力梯度有所降低。因此，在渗透率和滑脱效应双重因素的影响下，最终导致岩心的启动压力梯度在较低孔隙流体压力时增幅变缓。

对图 2-17 中的数据进行数值拟合，岩心 1 的启动压力梯度随孔隙流体压力下降呈线性增大，其表达式为：

$$G=-0.0033p_{\mathrm{f}}+0.1416 \qquad R^2=0.992 \tag{2-5}$$

式中：G 为启动压力梯度，MPa/m；p_{f} 为孔隙流体压力，MPa。

上述研究证实，在致密气藏的开发过程中，其启动压力梯度并非一成不变，而是一个随着储层压力降低而逐渐增大的动态变化过程，即为动态启动压力梯度。同时将启动压力梯度随孔隙流体压力变化的特征定义为启动压力梯度敏感性，启动压力梯度敏感性可以用来表示启动压力梯度随孔隙流体压力变化的特征，启动压力梯度敏感性越强，代表启动压力梯度对孔隙流体压力越敏感，在同样的储层压力变化幅度内，启动压力梯度的变化幅度越大。

在致密气藏开发过程中的动态启动压力梯度效应可定量描述为：

$$G=-\lambda p_{\mathrm{f}}+G_0 \tag{2-6}$$

式中：G_0 为初始条件下启动压力梯度，MPa/m；λ 为启动压力梯度敏感系数，cm^{-1}。

将式(2-6)中的 λ 定义为启动压力梯度敏感系数，表示随着孔隙流体压力变化，启动压力梯度的变化幅度和能力。λ 越大，启动压力梯度随孔隙流体压力变化幅度就越大，启动压力梯度敏感性就越强。式(2-6)中 G_0 与岩心常压渗透率有关，岩心初始渗透率越低，G_0 越大。从式(2-6)可以看出，G_0 越大，启动压力梯度就越高。也就是说，岩心初始渗透率越低，其启动压力梯度越高，这与前人的研究成果相符。

2.3.3 动态启动压力梯度影响因素

1. 渗透率

5 块岩心的动态启动压力梯度测定结果如图 2-18 所示，从总体规律来说，随着模拟开发过程孔隙流体压力的不断下降，5 块不同渗透率岩心的启动压力梯度均逐渐增大；在孔隙流体压力下降初期，启动压力梯度上升幅度较大；而孔隙流体压力下降后期，启动压力梯度上升幅度逐渐减缓。总体趋势近似于线性变化，与图 2-17 结果一致。同时，岩心渗透率越低，启动压力梯度的变化，即动态启动压力梯度现象越明显。

将 5 块岩心的动态启动压力梯度曲线拟合后(表 2-9)可以看出，5 块岩心的动态启动压力梯度曲线均呈线性变化规律，且渗透率越低，岩心初始启动压力梯度越大，岩心启动压力梯度敏感系数也越大，也就是说，渗透率越低，致密气藏的启动压力梯度越高，开发过程中启动压力梯度的变化幅度越大，其启动压力梯度敏感性相应就越强。

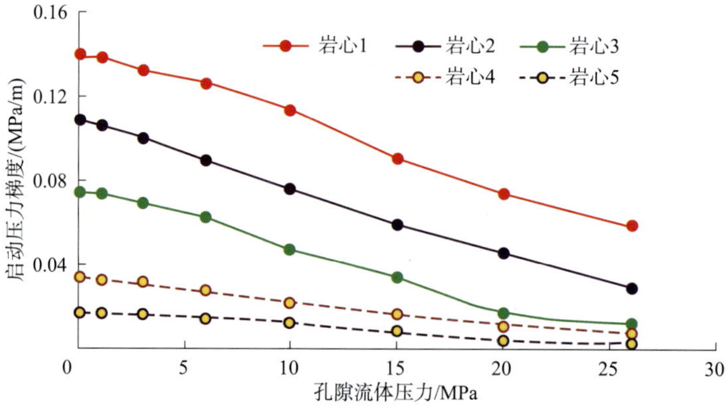

图 2-18　不同渗透率岩心的动态启动压力梯度结果

表 2-9　不同渗透率岩心的动态启动压力梯度拟合结果

岩心编号	常压渗透率/$10^{-3}\mu m^2$	动态启动压力梯度
1	0. 05	$G=-0.0033p_f+0.1416$　　$R^2=0.992$
2	0. 17	$G=-0.0031p_f+0.1080$　　$R^2=0.998$
3	0. 53	$G=-0.0026p_f+0.0747$　　$R^2=0.985$
4	1. 24	$G=-0.0011p_f+0.0033$　　$R^2=0.993$
5	3. 94	$G=-0.0006p_f+0.0168$　　$R^2=0.983$

2. 含水饱和度

高含水是致密低渗气藏的典型特征之一。储层中水的存在将对气体的渗流造成很大影响。通过使用不同含水饱和度下的岩心进行测试，研究了含水饱和度对致密气藏岩心动态启动压力梯度的影响，以岩心 1 为例，将岩心含水饱和度分别设定为 30%、40%、50% 和 60%，并在每个含水饱和度下测试岩心的动态启动压力梯度并绘制曲线，实验结果如图 2-19 所示。

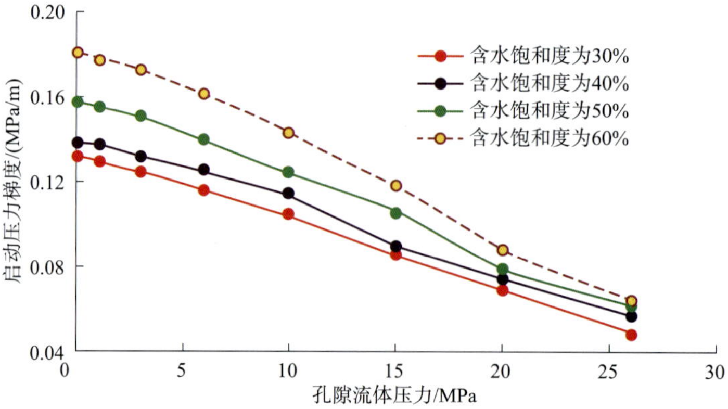

图 2-19　岩心 1 不同含水饱和度下的动态启动压力梯度

从图 2-19 中可以看出，在不同含水饱和度下，岩心 1 的启动压力梯度与孔隙流体压力基本呈线性关系；随着岩心初始含水饱和度的增大，岩心启动压力梯度逐渐增大，其增幅也逐渐变大，相邻 2 条启动压力梯度曲线的间距逐渐增大。说明随着孔隙流体压力的降低，岩心启动压力梯度对含水饱和度的敏感性逐渐增强。这是因为当含水饱和度较高时，气体的一部分渗流通道被水占据，同时由于气液界面张力的作用，使得气体在储层中的流动难度增大，随着孔隙流体压力的进一步降低，水的存在使得岩心的应力敏感性增强，造成岩心渗透率的下降幅度增大，含水饱和度越高，岩心渗透率的下降幅度越大。

将岩心 1 在不同含水饱和度下的动态启动压力梯度曲线进行拟合，结果(表 2-10)表明，随着含水饱和度的增大，初始启动压力梯度和启动压力梯度敏感系数均增大，也就是说，含水饱和度越大，致密气藏启动压力梯度越大，在开发过程中启动压力梯度的变化幅度越大，动态启动压力梯度现象也越明显。即含水饱和度越大，启动压力梯度敏感性越强。

表 2-10　岩心 1 不同含水饱和度下的动态启动压力梯度拟合结果

含水饱和度/%	动态启动压力梯度
30	$G=-0.0032p_f+0.1341$　　$R^2=0.998$
40	$G=-0.0033p_f+0.1418$　　$R^2=0.992$
50	$G=-0.0039p_f+0.1613$　　$R^2=0.995$
60	$G=-0.0047p_f+0.1858$　　$R^2=0.995$

2.4　储层岩心应力敏感性研究

应力敏感的存在会对流体在储层中的赋存和运移造成很大影响，而对于致密储层来说，由于其孔喉微小，岩石内部构造较常规油气藏更为复杂，其所受的应力状况和在应力作用下的形变和常规的油气藏有很大区别，应力敏感性特征和对储层渗流的影响也大不相同。开发实践证明东胜气田普遍含水，储层束缚水水饱和度普遍较高，其孔喉等渗流空间有限，初始大量的束缚水会占据相当一部分孔隙空间，并对气相的流动影响较大。

2.4.1　干岩心应力敏感性研究

岩石的应力敏感性是当岩石骨架受不同有效应力而引起的岩石渗透率发生不同程度的改变。不同岩性的储层，其应力敏感性具有较大的差异。由于岩石骨架所受的外力主要来自上覆岩层的外应力和来自孔隙内流体的内应力，所以实验室岩石应力敏感性的测试实验一般是通过改变围压来实现岩石不同的有效应力的变化，通过测量不同有效应力下的渗透率大小来评价岩石的应力敏感性。参考石油行业标准 SY/T 5358—2010《储层敏感性流动实验评价方法》，对储层进行改变围压的常规应力敏感性评价实验，目前最常用的方法就是常压下通过改变岩心围压大小来测试岩心对应的渗透率，并绘制岩石渗透率与有效应力的关系曲线，以此来判断岩石的敏感性的变化程度。

实验操作步骤如下：首先备好岩样（常规应力敏感岩样烘干24h；储层条件下岩样首先饱和地层水，然后是气驱水至设定含水饱和度），放入岩心夹持器中；缓慢增加围压至5MPa，以合适驱替压力测试岩心渗透率，待出口气体流量计测试流量稳定，记下驱替压力和流量；保持驱替压力不变，将围压逐渐增加到10MPa、15MPa、20MPa、25MPa、30MPa、35MPa、40MPa，再依次减压至5MPa，分别测试相应渗透率。实验流程如图2-20所示，实验结果见表2-11，应力敏感测试曲线如图2-21所示。

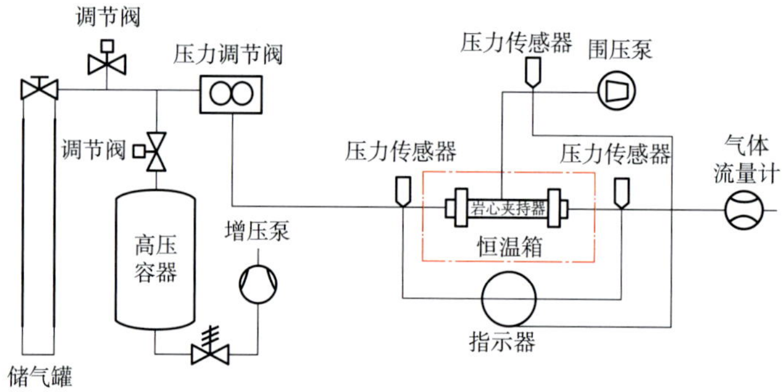

图 2-20　应力敏感性测试实验流程图

表 2-11　干岩心应力敏感性实验结果

序号	井号	岩心号	长度/cm	直径/cm	增压过程初始渗透率/$10^{-3}\mu m^2$	最大围压下渗透率/$10^{-3}\mu m^2$	恢复后渗透率/$10^{-3}\mu m^2$	最大围压渗透率损害率/%	恢复后渗透率损害率/%
1	锦 7	3-10/42	6.278	2.531	0.142	0.003	0.104	97.96	26.87
2	锦 7	5-1/57	6.058	2.522	0.097	0.005	0.077	95.19	20.25
3	锦 7	6-14/18-2	5.264	2.512	0.194	0.017	0.157	91.18	19.32
4	锦 9	2-32/49	5.837	2.517	0.921	0.232	0.654	74.83	28.99
5	锦 21	2-7/33-1	6.208	2.510	0.159	0.021	0.117	86.86	25.97
6	锦 48	1-5/38	5.130	2.523	0.749	0.343	0.623	54.22	16.85
7	锦 72	1-3/47	5.026	2.520	0.851	0.384	0.727	54.90	14.63
8	锦 72	1-5/47	5.569	2.519	0.577	0.227	0.486	60.70	15.70
9	锦 77	3-45/51	6.125	2.472	0.229	0.069	0.199	69.81	13.27
10	锦 77	4-46/55	6.270	2.443	0.700	0.289	0.638	58.74	8.89
11	锦 92	2-41/47	10.288	10.000	0.0079	0.0012	0.0076	84.27	3.51
12	锦 53	1-36/56	15.026	10.050	0.0049	0.0011	0.0046	76.75	7.45

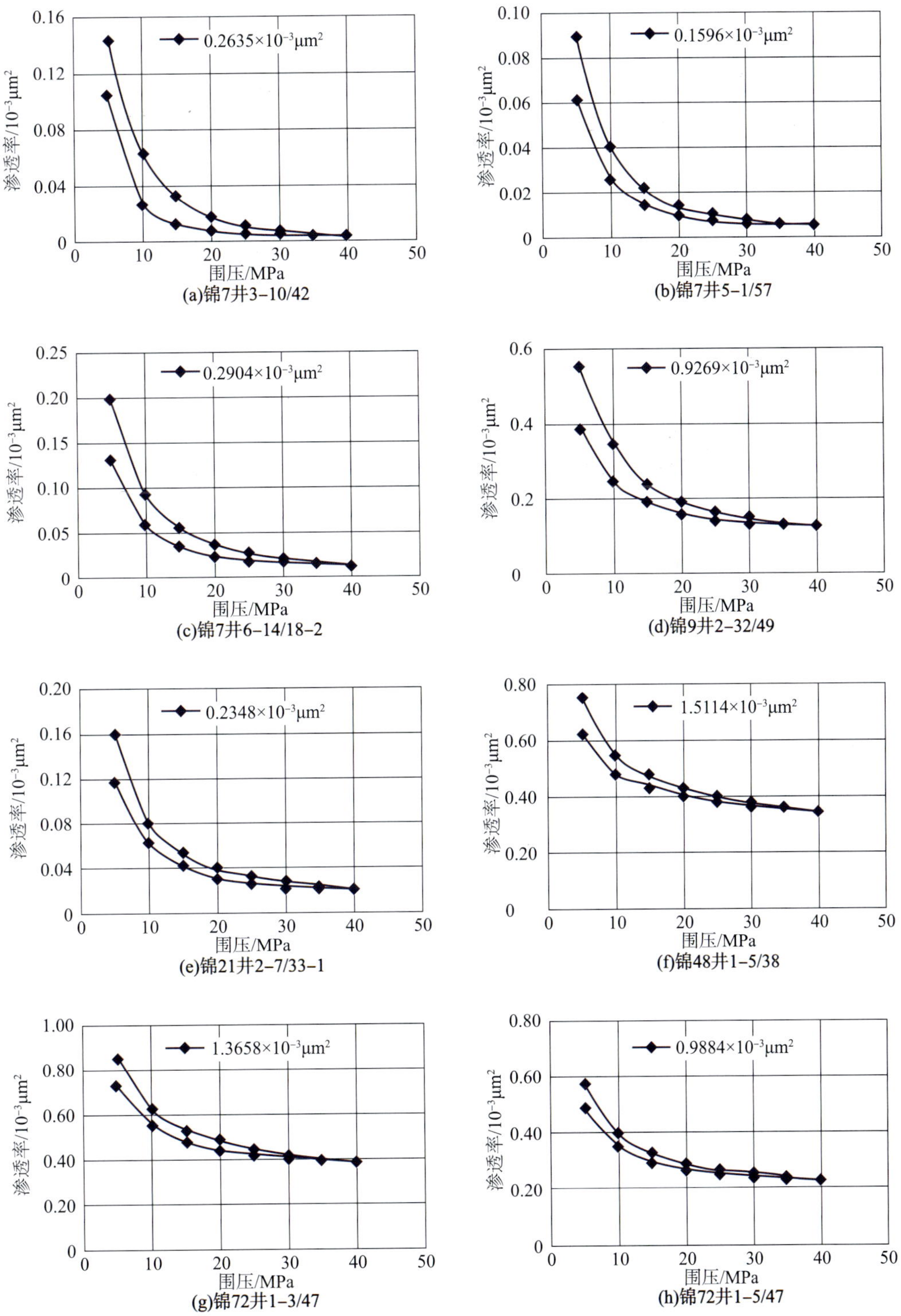
0.2635×10⁻³μm²
渗透率/10⁻³μm²
围压/MPa
(a)锦7井3-10/42
0.1596×10⁻³μm²
渗透率/10⁻³μm²
围压/MPa
(b)锦7井5-1/57
0.2904×10⁻³μm²
渗透率/10⁻³μm²
围压/MPa
(c)锦7井6-14/18-2
0.9269×10⁻³μm²
渗透率/10⁻³μm²
围压/MPa
(d)锦9井2-32/49
0.2348×10⁻³μm²
渗透率/10⁻³μm²
围压/MPa
(e)锦21井2-7/33-1
1.5114×10⁻³μm²
渗透率/10⁻³μm²
围压/MPa
(f)锦48井1-5/38
1.3658×10⁻³μm²
渗透率/10⁻³μm²
围压/MPa
(g)锦72井1-3/47
0.9884×10⁻³μm²
渗透率/10⁻³μm²
围压/MPa
(h)锦72井1-5/47

图 2-21　应力敏感曲线

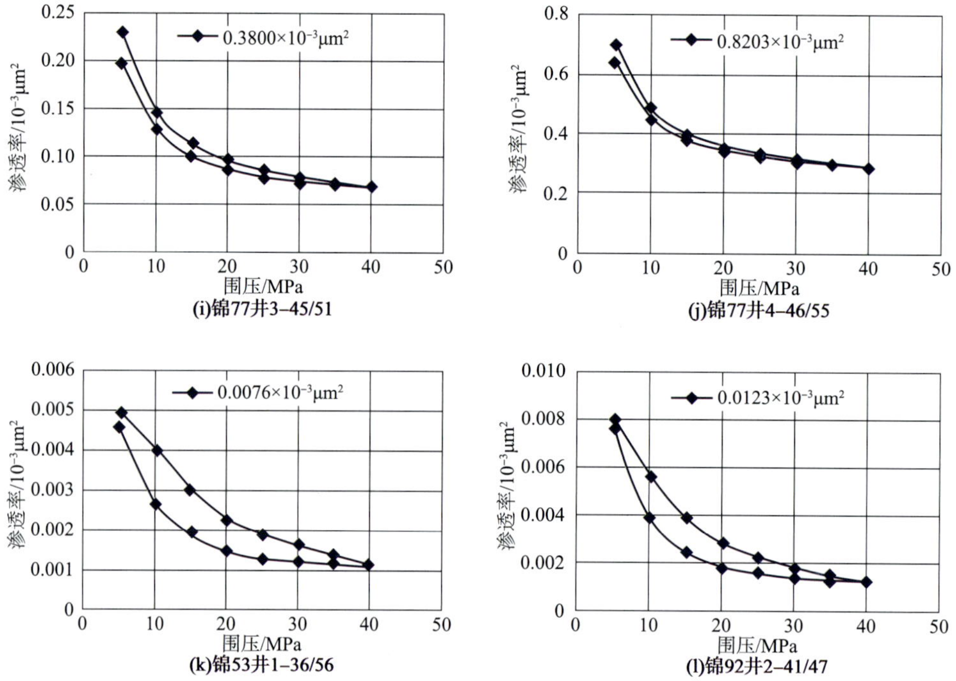

图 2-21　应力敏感曲线(续)

实验结果表明：当上覆压力为 40MPa 时，渗透率损失很大，损失率为 54.22%～97.96%。同时根据其应力敏感性与渗透率的关系可知，岩样的渗透率越高，其应力敏感性相对越弱；岩心渗透率恢复性相对较好，渗透率损失仅为 8.89%～28.99%，均为弱应力敏感。2 块次全直径岩样应力敏感性实验结果表明，在最大围压 40MPa 下，渗透率损失分别为 84.27%、74.75%，应力敏感性较强，渗透率恢复性较好，与 2.5cm 柱塞样相比，其渗透率恢复能力更强。同时样品尺度的大小对测试渗透率也有一定影响，岩样尺寸越小，渗透率损失越大，对于地层来说，其应力敏感性可能更小。

2.4.2　不同含水饱和度下的应力敏感性实验研究

选取不同渗透率岩样 9 块开展了不同含水饱和度下的应力敏感性实验。首先将岩样烘干 24h，称量干重，抽真空加压饱和，计算孔隙体积和孔隙度，将岩心放入岩心夹持器，采用高纯氮气进行驱替，建立实验所需的含水饱和度。参考石油行业标准 SY/T 5358—2010《储层敏感性流动实验评价方法》，对储层进行改变围压的常规应力敏感性评价实验，围压分别为 5MPa、10MPa、15MPa、20MPa、25MPa、30MPa、35MPa、40MPa、35MPa、30MPa、20MPa、15MPa、10MPa、5MPa。测量岩心渗透率的变化，测试结果见表 2-12。

表 2-12 不同含水饱和度应力敏感性实验结果

序号	井号	岩心号	初始渗透率/$10^{-3}\mu m^2$	40MPa 渗透率/$10^{-3}\mu m^2$	S_w/%	40MPa 渗透率损害率/%	应力敏感系数
1	锦 7	5-1/57	0.0967	0.0047	0	95.19	1.46
			0.0605	0.0018	45	97.01	1.69
			0.0266	0.0005	55	98.25	1.94
			0.0100	0.00002	65	99.77	2.91
2	锦 7	6-14/18	0.1944	0.0172	0	91.18	1.17
			0.1157	0.0082	45	92.93	1.27
			0.0807	0.0038	55	95.33	1.47
			0.0369	0.0003	65	99.22	2.33
3	锦 9	2-32/49	0.9215	0.2319	0	72.83	0.63
			0.2886	0.0738	45	74.44	0.66
			0.1578	0.0235	55	85.09	0.92
			0.0810	0.0049	65	93.96	1.35
4	锦 21	2-7/33	0.1586	0.0208	0	84.86	0.91
			0.1622	0.0214	45	86.80	0.97
			0.1338	0.0138	55	89.68	1.09
			0.0861	0.0044	65	94.91	1.43
5	锦 72	1-3/47	0.8514	0.3840	0	48.90	0.32
			0.3758	0.1849	45	50.81	0.34
			0.1533	0.0667	55	56.48	0.40
			0.0423	0.0145	65	65.64	0.51
6	锦 72	1-5/47	0.5767	0.2266	0	53.70	0.37
			0.3377	0.1487	45	55.97	0.39
			0.0453	0.0085	65	81.25	0.81
7	锦 77	4-46/55	0.7001	0.2888	0	58.74	0.43
			0.4576	0.1247	45	72.75	0.63
			0.1144	0.0091	65	92.08	1.22
8	锦 48	1-5/38	0.7491	0.3430	0	49.22	0.33
			0.2535	0.1233	45	51.38	0.35
			0.0194	0.0020	65	89.77	1.10
9	锦 77	3-45/51	0.2292	0.0692	0	69.81	0.58
			0.3038	0.0726	45	76.08	0.69
			0.2311	0.0599	55	74.08	0.65
			0.1492	0.0289	65	80.65	0.79

从含水饱和度分别为65%、55%、45%的9组应力敏感实验结果可以看出，随着含水饱和度的增加，渗透率应力敏感性变强，恢复性变差。水的存在加剧了渗透率应力敏感性的影响，含水饱和度越高，渗透率越低，应力敏感性越强，其渗透率恢复性变差，不可逆性增强。随着含水饱和度的增加，水逐渐加快占据储层的孔隙喉道，气体的流动通道变的更加狭窄，应力敏感性增强。含水饱和度和渗透率损害率的关系曲线如图2-22所示。

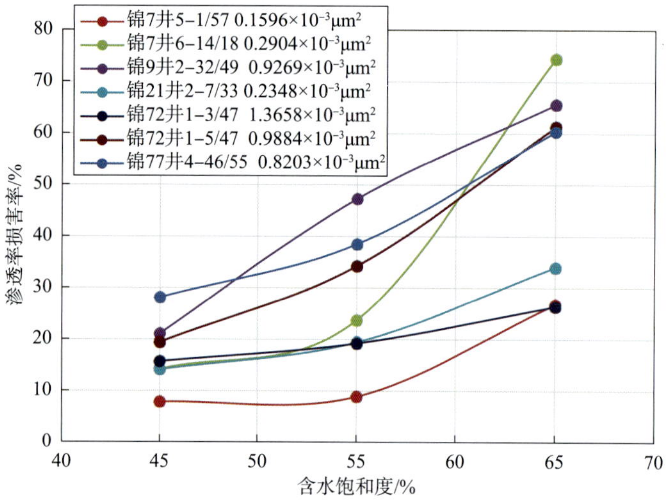

图2-22 含水饱和度和渗透率损害率关系图

2.4.3 束缚水作用下的致密岩心应力敏感性特征

束缚水作用下的致密岩心应力敏感性特征研究参照行业标准SY/T 5358—2010《储层敏感性流动实验评价方法》进行，岩心的基础物性如表2-13所示。

表2-13 岩心基础物性

岩心号	直径/cm	长度/cm	常压孔隙度/%	常压渗透率/$10^{-3}\mu m^2$
1	2.540	6.882	4.47	0.09
2	2.540	7.686	8.52	0.48

以岩心1(常压孔隙度4.47%，常压气测渗透率$0.09\times10^{-3}\mu m^2$)为例，岩心在不含水和束缚水状态下的应力敏感性结果如图2-23所示，随着有效应力的增大，岩心1的渗透率呈降低趋势，且在有效应力增大的初期降幅较大，后期降幅很小，渗透率趋于稳定。随后，在有效应力下降的过程中，渗透率又有所恢复，但不能恢复到初始水平。对于两组岩心来说，含束缚水的岩心渗透率随有效应力的变化幅度更大，也就是说，相比较干岩心来说，含束缚水岩心的应力敏感性更强。

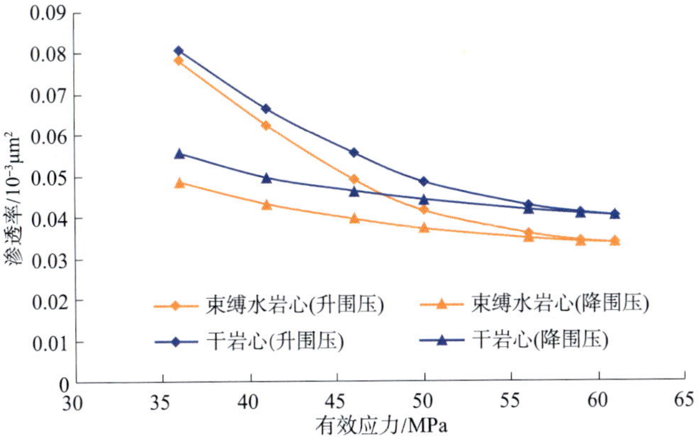

图 2-23 岩心 1 应力敏感结果对比

将两块不同渗透率岩心的结果进行综合对比，由图 2-24 可以看出，随着有效应力的变化，两块岩心在不同含水状态下的渗透率变化趋势基本一致：在有效应力增大的初期降幅较大，后期降幅很小，渗透率趋于稳定。随后，在有效应力下降的过程中，渗透率又有所恢复，但不能恢复到初始水平。同时，对于两块岩心来说，其在束缚水状态下的渗透率随有效应力的变化幅度都要大于在不含水（干岩心）状态下的变化幅度。在两种不同含水状态下的应力敏感程度也有很大差别。

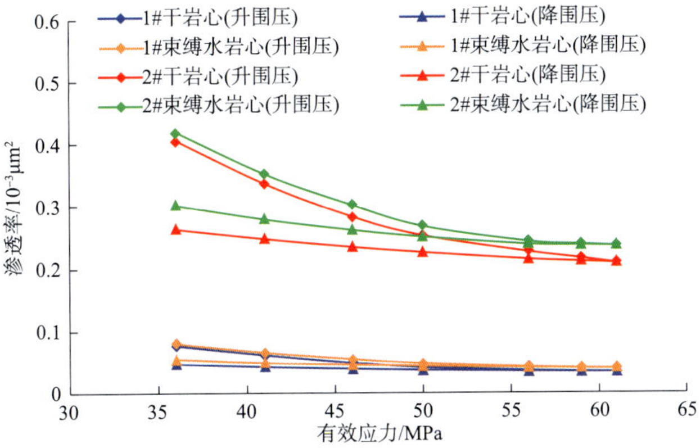

图 2-24 不同岩心应力敏感结果对比

为了更好地对比不同渗透率岩心在不同含水状态下的应力敏感特征，将实验得到的渗透率值进行归一化处理，即使用不同有效应力下得到的渗透率值除以在第一个有效应力点下的渗透率值得到的渗透率比值进行作图，归一化应力敏感结果如图 2-25 所示，可以得到和之前相同的规律；同时，比较两块不同渗透率岩心的应力敏感特征可以发现，渗透率越低，岩心的应力敏感变化幅度越大，说明了渗透率越低，岩心的应力敏感越严重。同时，渗透率越低，岩心在不同含水状态下的应力敏感程度相差越大：渗透率越低，束缚水的存在会使得岩心的应力敏感程度相比干岩心越大。

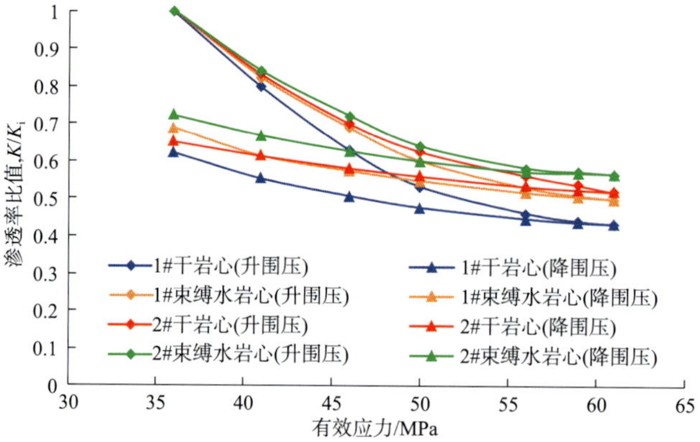

图 2-25 归一化处理后不同岩心应力敏感结果对比

2.4.4 致密岩心渗透率和孔隙度应力敏感特征

分别选取 $0.09\times10^{-3}\mu m^2$、$0.48\times10^{-3}\mu m^2$ 和 $1.21\times10^{-3}\mu m^2$ 3 个渗透率级别的岩心开展渗透率和孔隙度应力敏感性研究，实验过程中均使用含束缚水岩心，以尽可能地模拟储层的真实情况，得到更为准确的结果。

1. 渗透率应力敏感

对于不同初始渗透率的岩心来说，渗透率随着有效应力变化而变化的总体趋势基本一致：在有效应力增加的初期降幅较大，后期降幅很小，渗透率趋于稳定。随后，在有效应力下降的过程中，渗透率又有所恢复，但不能恢复到初始水平。3 个级别岩心的渗透率敏感结果如图 2-26 所示。

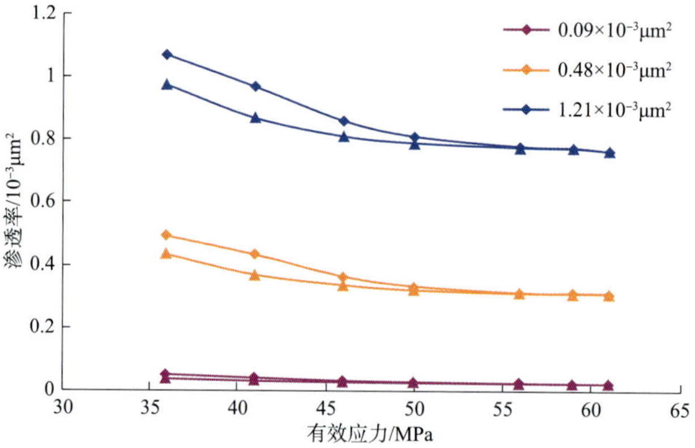

图 2-26 不同岩心的应力敏感结果对比

为了更好地对比不同渗透率岩心的渗透率应力敏感变化规律，将 3 块岩心的渗透率进行归一化处理如图 2-27 所示。对于 3 块不同初始渗透率的岩心来说，其渗透率的变化趋势基本一致，且随着有效应力的上升，其渗透率变化都可以分为两个不同的阶段：在有效应力上升的初期，随着有效应力的上升岩心渗透率快速下降，称之为下降段；随后，当有效应力大于 50MPa 后，随着有效应力的上升岩心渗透率降幅减缓，渗透率逐渐趋于稳定，称之为稳定段(这是由于致密岩心的渗透率贡献率主要来自岩心中的微裂缝)。当岩心所受有效应力增大时，岩心中的微裂缝首先闭合，造成渗透率迅速下降。而在有效应力增大的后期，岩心中的微裂缝已基本闭合，后续的渗透率下降主要是由于岩心骨架和结构被压缩造成的，渗透率下降程度有限。

随着岩心初始渗透率的降低，岩心渗透率随有效应力变化而变化的幅度逐渐增大，在有效应力达到最大时的渗透率和初始渗透率的比值也逐渐降低。同时，渗透率越低，最终的有效应力恢复到初始值时的渗透率恢复率也越低。说明了随着岩心初始渗透率的降低，岩心的渗透率应力敏感幅度逐渐增强。

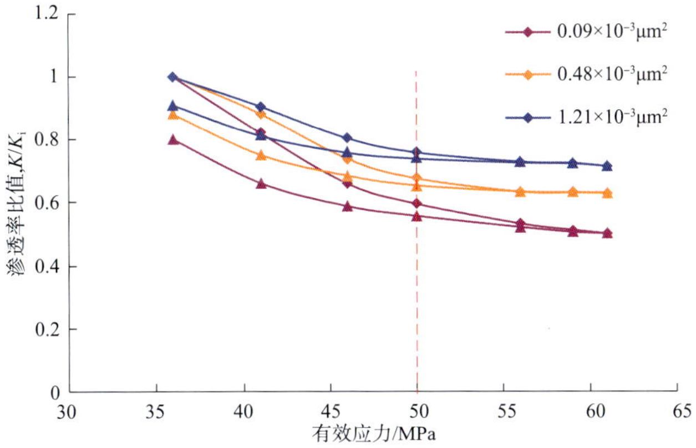

图 2-27　不同岩心的归一化应力敏感结果对比

渗透率损害率是衡量岩心渗透率应力敏感特征的一个重要参数，其定义为：

$$D_k = \frac{k_1 - k_{min}}{k_1} \times 100\% \tag{2-7}$$

式中：D_k 为岩心渗透率损害率,%；k_1 为初始最小有效应力点对应的岩心渗透率，$10^{-3}\mu m^2$；k_{min} 为最大有效应力点对应的岩心渗透率，$10^{-3}\mu m^2$。

带入数据计算可知，随着初始渗透率的降低，3 块致密气藏岩心的渗透率损害率分别为 29.42%、36.92%和 49.81%，渗透率损害率逐渐上升。根据行业标准中提供的应力敏感性评价指标，3 块岩心的渗透率应力敏感性均为中等偏弱；同时可以得到，随着初始渗透率的降低，致密气藏岩心的渗透率敏感性逐渐增强。渗透率越低，其渗透率应力敏感性越强。

2. 孔隙度应力敏感

对于不同初始孔隙度的岩心来说，孔隙度随着有效应力变化而变化的总体趋势基本一致：在有效应力增加的初期降幅稍大，后期降幅很小，孔隙度趋于稳定。随后，在有效应力下降的过程中，孔隙度又有所恢复，但不能恢复到初始水平。3 个级别岩心的孔隙度应力敏感结果如图 2-28 所示。

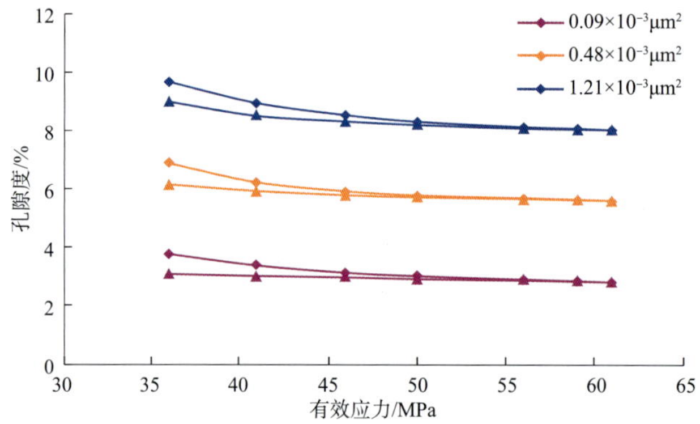

图 2-28　不同岩心的孔隙度应力敏感结果对比

为了更好地对比不同孔隙度岩心的孔隙度应力敏感变化规律，将 3 块岩心的孔隙度进行归一化处理，由图 2-29 可以看出，对于 3 块不同孔隙度的岩心来说，其孔隙度的变化趋势基本一致，且随着有效应力的上升，其孔隙度变化都可以分为两个不同的阶段：在有效应力上升的初期，随着有效应力的上升岩心孔隙度快速下降，称之为下降段；随后，当有效应力大于 50MPa 后，随着有效应力的上升岩心孔隙度降幅减缓，孔隙度逐渐趋于稳定，称之为稳定段。

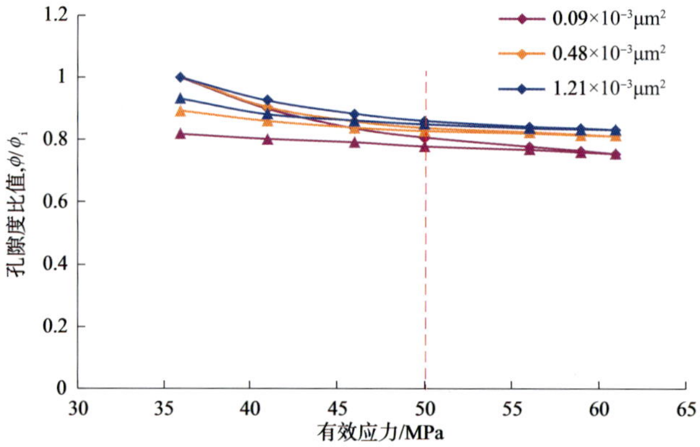

图 2-29　不同岩心的归一化孔隙度应力敏感结果对比

同时，随着岩心初始孔隙度的降低，岩心孔隙度随有效应力变化而变化的幅度逐渐增大，在有效应力达到最大时的孔隙度和初始孔隙度的比值也逐渐降低。同时，孔隙度越低，最终的有效应力恢复到初始值时的孔隙度恢复率也越低。由此说明随着岩心初始孔隙度的降低，岩心的孔隙度应力敏感程度逐渐增强。

按照之前渗透率损害率的定义，定义了岩心的孔隙度损害率来衡量岩心的孔隙度应力敏感特征，其表述为：

$$D_{\phi}=\frac{\phi_1-\phi_{\min}}{\phi_1}\times100\% \qquad (2-8)$$

式中：D_ϕ 为岩心孔隙度损害率，%；ϕ_1 为初始最小有效应力点对应的岩心孔隙度，%；ϕ_{min} 为最大有效应力点对应的岩心孔隙度，%。

通过理论分析，随着初始孔隙度的降低，3 块致密气藏岩心的孔隙度损害率分别为 18.94%、22.51%和 27.47%，孔隙度损害率逐渐上升。借鉴行业标准中提供的渗透率应力敏感性评价指标，3 块岩心的孔隙度应力敏感性均为弱敏感。因此可以得到，致密气藏岩心的孔隙度敏感性总体较弱，且孔隙度敏感性弱于其渗透率敏感性。随着初始孔隙度的降低，致密气藏岩心的孔隙度敏感性逐渐增强；孔隙度越低，其孔隙度应力敏感性越强。

2.4.5 东胜气田不同层位应力敏感特征

在致密岩心渗透率和孔隙度应力敏感特征测试基础上，对东胜气田主力气层岩心的应力敏感特征进行统计分析，结果如图 2-30 所示，目标区储层应力敏感性总体属于中等偏弱-弱应力敏感，层位上从强到弱依次为盒 1-3>盒 1-1>盒 3-1>山 1-1，测试结果为对气藏分层位储层特征的准确认识和气田的精细、高效开发奠定理论基础。

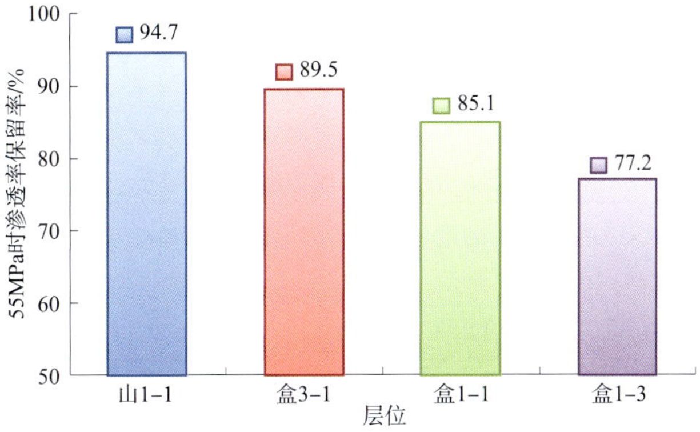

图 2-30 不同层位岩心的应力敏感结果对比

2.5 储层岩心气体渗流特征实验研究

2.5.1 气体滑脱效应研究

实验选取了气测渗透率在(0.2~1.8)×$10^{-3}\mu m^2$ 的岩样共 22 块。实验步骤如下：将实验岩心进行钻、切、磨及烘干等处理后，测试岩心的孔隙度和渗透率，将准备好的实验岩心装入岩心夹持器中进行不同驱替压力下的气体渗流实验，实验所用气体为高纯度氮气。岩心入口端注入气体的压力由精密气压控制调节阀来控制，出口压力为大气压。通过气体质量流量计来记录岩心出口端的瞬时流量和累计流量。当气体流量达到稳定状态时，记录岩心入口压力和出口流量；再次改变入口压力，记录对应的稳定流量，如此重复多次，记录不同压力下对应的不同流量。最后根据气体渗透率计算公式计算每一个测试点对应的气体渗透率值，并绘制渗透率与孔隙平均压力倒数的关系曲线，分析研究不同渗透率范围的低渗透岩心单相气体的滑脱效应。实验流程图如图 2-31 所示，实验结果见表 2-14。

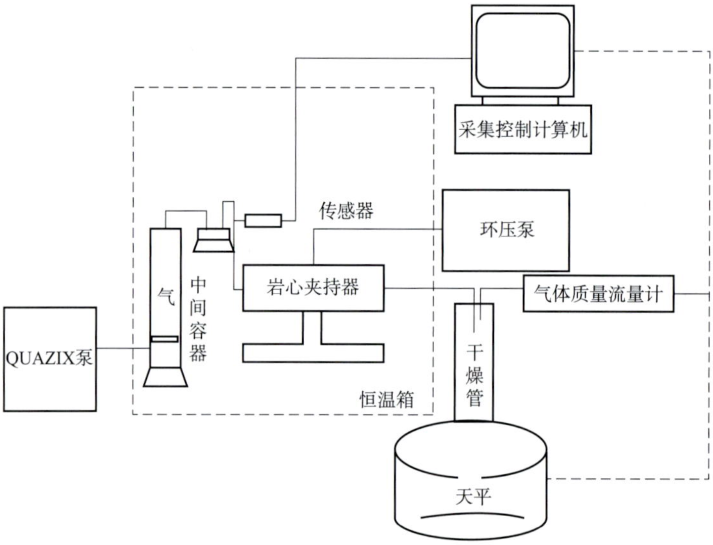

图 2-31　单相气体滑脱效应实验流程图

表 2-14　单相气体滑脱效应实验结果

序号	井号	岩心号	样品深度/m	长度/cm	直径/cm	常规渗透率/$10^{-3}\mu m^2$	滑脱系数/MPa
1	锦 7 井	5-1/57	2819. 80	6. 058	2. 522	0. 1596	0. 2378
2	锦 9 井	2-43/49	2994. 97	5. 693	2. 520	1. 4145	0. 0836
3	锦 21 井	2-7/33	2872. 18	6. 208	2. 510	0. 2348	0. 1469
4	锦 48 井	2-1/47	2547. 19	5. 451	2. 527	1. 2106	0. 0923
5	锦 91 井	3-35/43	2983. 00	5. 975	2. 522	0. 4153	0. 1665
6	锦 72 井	1-5/47	2941. 68	5. 269	2. 519	0. 8299	0. 0804
7	锦 116 井	1-1/57	2969. 56	6. 172	2. 524	0. 3125	0. 259
8	锦 48 井	1-5/38	2534. 94	5. 130	2. 523	1. 4639	0. 0466
9	锦 72 井	1-3/47	2941. 38	5. 026	2. 520	1. 0835	0. 1097
10	锦 21 井	1-39/52	2840. 03	6. 705	2. 522	0. 2151	0. 2704
11	锦 53 井	1-29/56	2893. 37	6. 164	2. 518	0. 0263	0. 2597
12	锦 68 井	5-7/55	2485. 00	6. 729	2. 487	0. 1339	0. 2828
13	锦 68 井	4-14/50	2477. 00	6. 422	2. 527	0. 168	0. 2658
14	锦 91 井	1-4/17	2952. 24	6. 244	2. 536	0. 0779	0. 2017

续表

序号	井号	岩心号	样品深度/m	长度/cm	直径/cm	常规渗透率/$10^{-3}\mu m^2$	滑脱系数/MPa
15	锦 116 井	2-39/49	2985.67	5.286	2.531	0.363	0.2096
16	锦 32 井	1-48/111	2944.20	5.347	2.405	0.4863	0.08985
17	锦 53 井	1-22/56	2892.32	5.537	2.475	1.7691	0.0565
18	锦 93 井	1-11/15	3002.95	4.904	2.472	0.0499	0.2477
19	锦 9 井	2-6/49	2989.20	6.700	2.403	0.338	0.1892
20	锦 9 井	2-15/49	2990.62	5.965	2.401	0.2663	0.2366
21	锦 69 井	1-6/85	2947.48	6.296	2.467	0.1196	0.3076
22	锦 72 井	2-19/7	2958.57	5.731	2.471	0.1628	0.2424

2.5.2 不同束缚水状态下气体渗流规律研究

选取 8 块不同渗透率岩样，开展了不同含水饱和度下的气体渗流规律实验，渗透率为 $(0.0779\sim1.4639)\times10^{-3}\mu m^2$，首先将岩心烘干，测量岩心干重，然后抽真空饱和模拟地层水，待饱和充分后测量岩心湿重。根据岩心的孔、渗物性参数，确定一个合适的驱替压力，在该驱替压力下用加湿氮气驱替岩心中的地层水，直至达到束缚水状态，取出岩心测量湿重，据此可以计算此时的束缚水饱和度(S_1)。然后以此驱替压力为临界最大值，依次以一个较小的驱替压力驱替岩心，待压力、流量稳定后记录驱替压力和流量值。最后取出岩心，再次测量湿重，计算此时的含水饱和度(S_2)。如果 S_1 与 S_2 的相对误差在 5%之内，此组数据有效，以此来研究束缚水饱和度下的气体渗流规律；再改变驱替压力，进行下一个含水饱和度下的气体渗流规律实验。根据同一岩心不同含水饱和度下对应的气体渗流特征曲线，研究含水饱和度对于低渗砂岩气藏气体渗流规律的影响。实验流程如图 2-32 所示；实验岩样基础物性参数及结果见表 2-15。

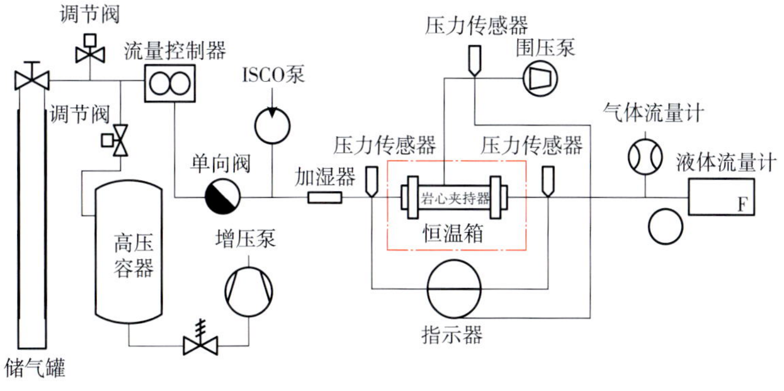

图 2-32　不同束缚水状态下渗流实验流程图

表 2-15　不同含水饱和度下气体渗流实验结果

序号	井号	岩心号	样品深度/m	长度/cm	直径/cm	渗透率/$10^{-3}\mu m^2$	渗透率损失率/%	孔隙度/%
1	锦 21 井	2-7/33	2872. 18	6. 208	2. 51	0. 2348	45. 65	9. 9
2	锦 91 井	3-35/43	2983. 00	5. 975	2. 522	0. 4153	47. 78	10. 4
3	锦 72 井	1-5/47	2941. 68	5. 269	2. 519	0. 8299	42. 72	12. 9
4	锦 48 井	1-5/38	2534. 94	5. 130	2. 523	1. 4639	22. 86	11. 1
5	锦 72 井	1-3/47	2941. 38	5. 026	2. 520	1. 0835	45. 54	13. 1
6	锦 91 井	1-4/17	2952. 24	6. 244	2. 536	0. 0779	47. 32	8. 1
7	锦 32 井	1-48/111	2944. 20	5. 347	2. 405	0. 4863	21. 76	15. 3
8	锦 21 井	1-39/52	2840. 03	6. 705	2. 522	0. 2151	55. 54	12. 3

8 块岩样在不同束缚水饱和度下的流态曲线如图 2-33 所示。从图中可以看出，束缚水饱和度大于 55%时，气体渗流规律表现出低渗透液相非线性渗流特征，随压力增加，岩心渗透率也在增加。主要原因就是高含水饱和度下，束缚水占据了岩心大量的孔喉，而且由于岩心的亲水特性，这些束缚水大部分分布在岩石的孔喉表面，减小了气体渗流的空间。但是在驱替压力较高的情况下，一些束缚水会被气体携带出来，增加了气体的渗流空间，因而随着驱替压力的增加，岩心的气体渗透率也在增加；当束缚水饱和度小于 45%时，渗流规律出现明显的气体渗流特征，克氏效应明显，在低压下伴随强滑脱现象发生，高流速时会产生紊流现象。总的看来，随着岩心含水饱和度的降低，气体的渗流特征越来越接近于含水饱和度为 0 时的单相气体渗流特征，两者的克氏渗透率也逐渐趋于一致。

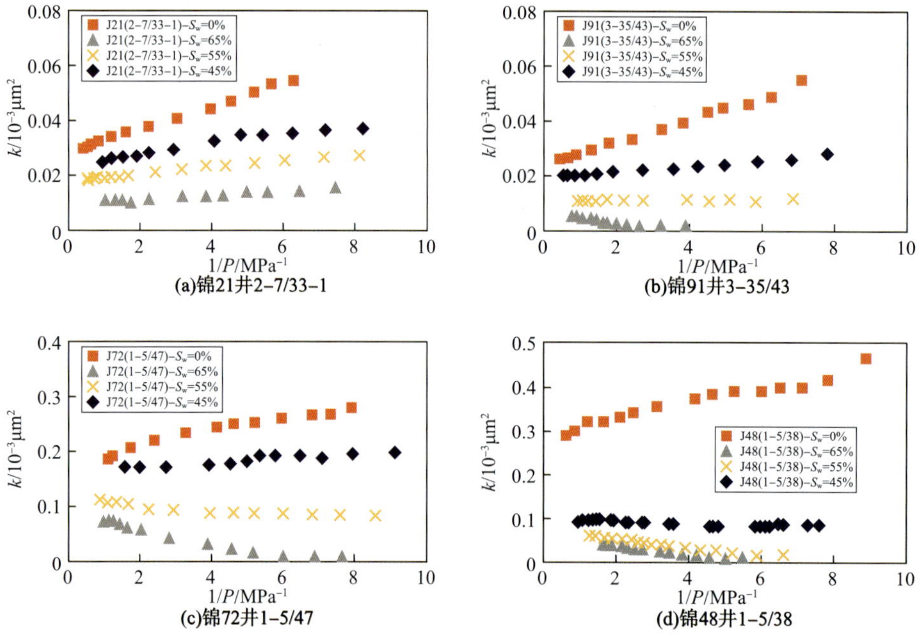

图 2-33　不同含水饱和度下压力倒数与渗透率关系

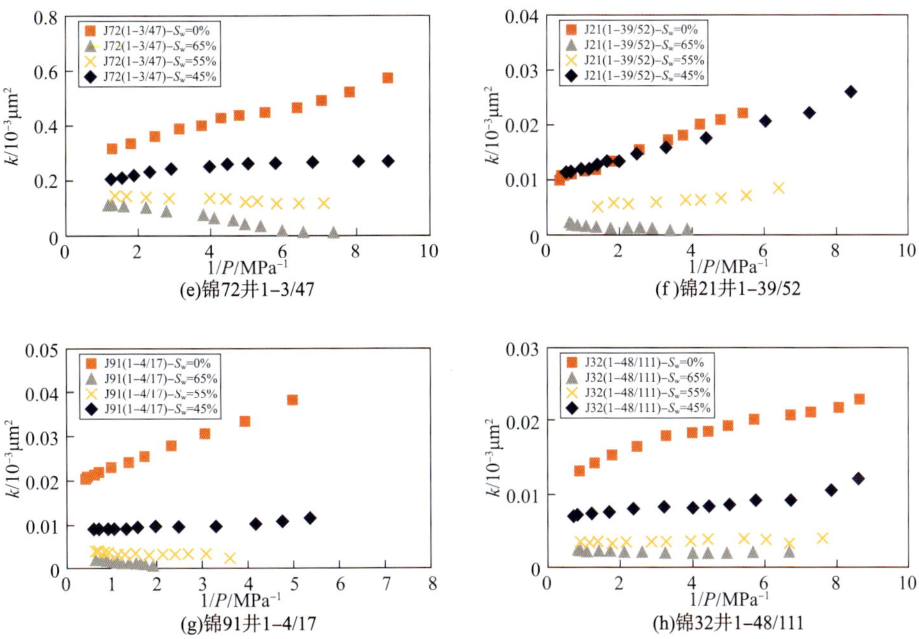

(e)锦72井1-3/47　(f)锦21井1-39/52　(g)锦91井1-4/17　(h)锦32井1-48/111

图 2-33　不同含水饱和度下压力倒数与渗透率关系(续)

2.5.3　致密气藏流体非线性渗流区域划分

启动压力梯度是致密气藏中流体非线性渗流的主要表现之一。为了对致密气藏的启动压力梯度有更深刻的认识，通过实验研究了致密储层的非线性渗流特征。实验中岩心取自东胜气田致密气藏的天然岩心，岩心的基础物性见表 2-16。

表 2-16　测试岩心基础物性

岩心号	直径/cm	长度/cm	常压孔隙度/%	常压渗透率/$10^{-3}\mu m^2$
1	2.538	6.210	3.27	0.054

致密储层的非线性渗流模拟实验采用压差-流量法进行测定，即使用氮气驱替含束缚水(束缚水饱和度 42%)的岩心，从很微小的驱替压差开始驱替，测定该压差下流动稳定后的流量数据，随后逐渐增大驱替压差，测定每个驱替压差下的稳定流动后的流量-压力数据。最终根据所有的记录点数据绘制出岩心的流动动态曲线，即可得到致密储层的渗流模拟结果。实验流程如图 2-34 所示。

通过致密气藏岩心的非线性渗流模拟实验得到了含束缚水致密岩心的渗流曲线和克氏效应曲线(Klinkenberg regression curve)，分别如图 2-35 和图 2-36 所示可以看出，气体在致密气藏岩心中表现出非常明显的非线性渗流特征，通过对实验结果的分析，可以将得到的渗流曲线和克氏效应曲线分为以下三个流动区域：

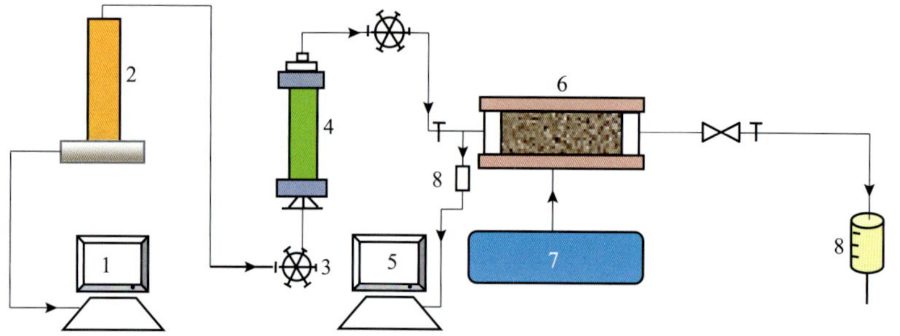

图 2-34　致密储层的非线性渗流模拟实验流程

1—压力/流量控制系统；2—注入泵；3—六通阀；4—中间容器；
5—压力采集系统；6—岩心夹持器；7—围压泵；8—流量计

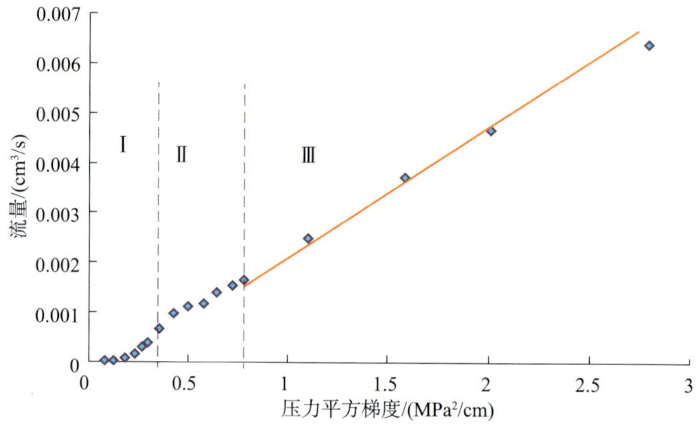

图 2-35　致密储层岩心渗流曲线

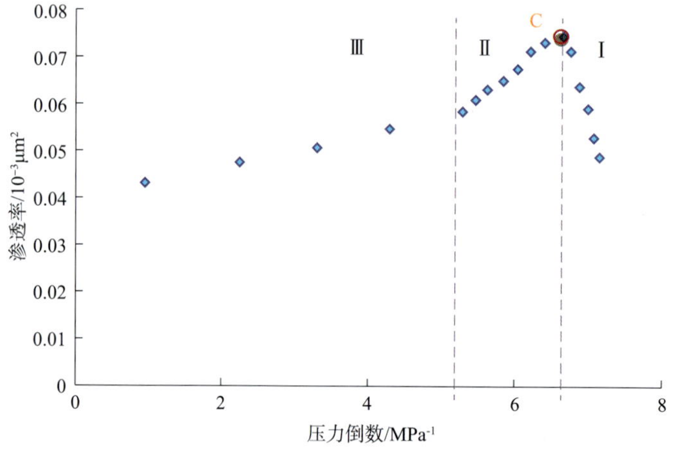

图 2-36　致密储层岩心的克氏效应曲线

气-固黏滞力区（Ⅰ）：在岩心两端压差很小的情况下，压差逐渐增大，气相流量和气相有效渗透率快速上升。表明在区域Ⅰ内，气体分子从相对稳定状态逐渐克服与固体之间的黏滞阻力，气相流动能力增加，开始流动。

气相滑脱效应区(Ⅱ)：当岩心两段压差高于临界压差(图2-36中C点)时，随着压差的增大，气相的有效渗透率逐渐下降(图2-36)，气相流动速度的增长率也有所降低(图2-35)。说明在区域Ⅱ内，气体的微观渗流阻力主要表现为气相的滑脱效应，并且随着压差的增大，气相滑脱逐渐减弱。

低速紊流区(Ⅲ)：随着岩心两段压差的进一步增加，气相的有效渗透率趋于稳定且稍有降低。说明在区域Ⅲ内，气相的流动总体稳定，基本属于达西流动。但是随着驱替压差的进一步增加，由于压力上升而导致气体分子活跃度和平均自由程上升，分子碰撞加剧，导致了气体的紊流阻力上升，使得气体的流动能力有所降低，因此表现为气相的有效渗透率和流速有所降低。

致密气藏的启动压力梯度是指在静止稳定状态下的气藏岩心，随着两端压差的增加，岩心中相对静止的气相逐渐克服黏滞阻力并开始流动时的最大压力梯度，即图2-36中C点所对应的压力梯度。

3　致密含水气藏气水两相渗流特征

致密气藏由于其孔隙结构较常规储层更为复杂，渗透率和孔隙度极低，孔喉细小，孔喉迂曲度很大，流体(气和水)在储层中的渗流更为复杂。因此，流体在致密储层中的渗流规律和特征和常规油气藏有很大区别。明确气水两相渗流特征是正确认识和合理开发致密含水气藏的基础，也是气藏开发动态计算和预测分析的重要依据之一，对于制定合理的开发方案、改善开发效果具有非常重要的意义。

3.1　致密含水气藏气水两相渗透率测试

3.1.1　实验原理

致密气藏气-水两相渗流特征实验参照行业标准 SY/T 5345—2007《岩石中两相流体相对渗透率测定方法》进行。实验温度为目标区块地层温度 85℃，实验围压大于流压 5MPa。在实际气藏中，存在着两个不同的气水流动过程，即气驱水过程(气藏形成过程)和水驱气过程(边、底水气藏开发过程)。对气驱水过程而言，主要是由于在气藏形成初期，气体在重力作用下进入储集层，逐渐排出储层孔隙中水的过程，聚集成藏；而水驱气过程主要是在气藏的开发过程中，随着气体的产出，气藏压力下降，边、底水逐渐侵入并占据原本气体所占据的空间。因此，水驱气过程更为接近气藏的开发实际，但在实际物理模拟中，水驱气模拟过程比较复杂，难以准确控制和实现，因此采用恒压气驱水的方法进行研究，同样可以模拟气藏开发过程中气体推动储层中可动水运移的情况。

气驱水的驱替压力利用式(3-1)确定：

$$\frac{\sigma\times10^{-3}}{\Delta p\cdot\sqrt{k/\phi}}\leqslant0.6 \tag{3-1}$$

式中：σ 为岩心中气-水界面张力，mN/m；k 为实验岩心的气测渗透率，$10^{-3}\mu m^2$；ϕ 为实验岩心的气测孔隙度,%；Δp 为岩心两端的驱替压差，MPa。

针对不同的岩心，在式(3-1)基础上选择合适的压力进行气驱水的两相相对渗透率研究。实验流程如图 3-1 所示。

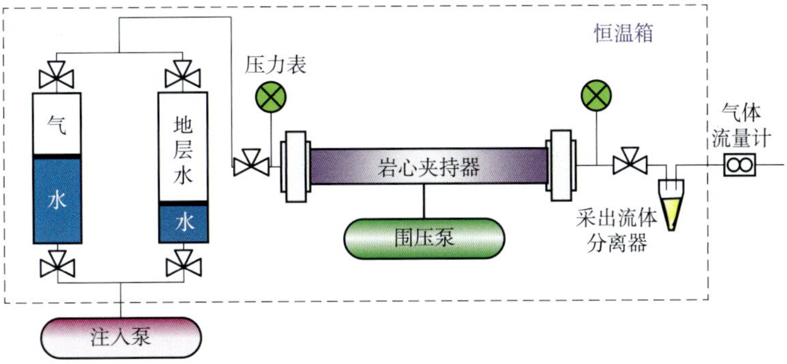

图 3-1 致密气藏气-水两相渗流实验流程

具体实验流程如下：

(1)将实验岩心烘干，称干重并测试其气测孔隙度和渗透率。

(2)将岩心抽真空并饱和地层水，放入岩心夹持器中，根据实验岩心的渗透率选择合适的驱替压差和围压，加围压，使用地层水进行驱替，待流动稳定后测量岩心的水测渗透率。

(3)根据设定的驱替压差值开始恒压气驱水实验，在实验过程中，保持岩心两端压差和围压值恒定，及时记录岩心上下游压力、出口端流量(气、水)、时间等实验数据，驱替至不出水后测量残余水下的气相渗透率，并利用称重法测定岩心的残余水饱和度，根据后文 4.1 中提供的方法计算该岩心的相对渗透率曲线。

(4)更换岩心，重复步骤(1)~(3)，测量不同渗透率岩心的相对渗透率曲线。

3.1.2 计算方法

目前相对渗透率测定中，主要包括了稳态法和非稳态法两种测试方法。稳态法测试相对渗透率实验结果处理方便，但其实验过程较为复杂，稳定时间长，特别是对于低渗或致密岩心来说，用稳态法很难得到理想的结果。非稳态法在测试低渗/超低渗岩心的相对渗透率中有着天然的优势，目前绝大多数低渗岩心的相对渗透率都是采用非稳态法进行测试得到的。但非稳态法测试的实验数据处理较为复杂，普遍采用的是在行业标准中给出的 JBN 方法。

研究表明致密气藏中气相的渗流并不符合经典的达西定律，而是存在着启动压力梯度。同时，致密气藏岩心还存在着一定程度的应力敏感现象。启动压力梯度和应力敏感的存在都会对致密储层中流体的渗流造成影响。而传统的 JBN 方法并没有将这两个因素考虑在内，势必会造成在计算致密储层的相对渗透率时的误差。因此，在对致密储层启动压力梯度和应力敏感特征研究的基础上，结合低渗透储层非线性渗流理论，建立考虑启动压力梯度和应力敏感的致密气藏两相渗流的计算方法。

假设致密岩心均质，气相和水相互不混溶，在同一时刻岩心横截面上流体的流速一致，同时忽略重力和毛管力的影响，则致密岩心中水、气的连续性方程分别可以表述为：

$$\frac{\partial v_w}{\partial x}+\phi\frac{\partial S_w}{\partial t}=0 \tag{3-2}$$

$$\frac{\partial v_g}{\partial x}+\phi\frac{\partial S_g}{\partial t}=0 \tag{3-3}$$

式中：v_w 和 v_g 分别为岩心水相和气相的渗流速度；S_w 和 S_g 分别为岩心水相和气相的饱和度；ϕ 为实验岩心的气测孔隙度。

假设水相和气相的启动压力梯度分别为 G_w 和 G_g，则气、水两相的运动方程可以表述为：

$$v_w=\frac{KK_{rw}}{\mu_w}\left(\frac{\partial P}{\partial x}-G_w\right) \tag{3-4}$$

$$v_g=\frac{KK_{rg}}{\mu_g}\left(\frac{\partial P}{\partial x}-G_g\right) \tag{3-5}$$

$$K=K_i\cdot e^{-b\phi(P_i-\overline{P})} \tag{3-6}$$

式中：K 为实验有效压差下的岩心绝对渗透率；K_{rw} 和 K_{rg} 分别为岩心水相和气相的相对渗透率；μ_w 和 μ_g 分别为岩心水相和气相的黏度；$\overline{P}$ 为实验过程中岩心所受的平均流体压力，MPa；P_i 原始地层压力，MPa。

岩心中水的分流率(含水率)为：

$$f_w=\frac{v_w}{v_t} \tag{3-7}$$

将式(3-7)代入式(3-2)中：

$$v_t\cdot f'_w\frac{\partial S_w}{\partial x}+\phi\frac{\partial S_w}{\partial t}=0 \tag{3-8}$$

$$\frac{dx}{dt}=\frac{v_t\cdot f'_w}{\phi} \tag{3-9}$$

分离变量积分可得到等饱和度面移动方程，和B-L方程一致：

$$x=\frac{f'_w}{\phi}\int_0^t v_t dt \tag{3-10}$$

式中：x 为某一确定的饱和度在 t 时刻到达的位置(0时刻原始油水界面在0位置处)。

由式(3-10)可得：

$$\frac{x}{L}=\frac{f'_w}{f'_{w2}} \tag{3-11}$$

式中：L 为岩心长度；f'_{w2} 为岩心出口端含水率对含水饱和度的导数。

岩心两端压差：

$$\Delta P = \int_0^L \frac{\mathrm{d}P}{\mathrm{d}x}\mathrm{d}x \tag{3-12}$$

在初始状态下：

$$v_{\mathrm{eg}} = -\frac{K}{\mu_{\mathrm{g}}} \cdot \frac{\Delta P_{\mathrm{eg}} - G_{\mathrm{g}}L}{L} \tag{3-13}$$

式中：v_{eg}为初始流速，ΔP_{eg}为初始压差。

将式(3-5)、式(3-11)、式(3-13)代入式(3-12)并整理：

$$\int_0^{f'_{\mathrm{w2}}} \frac{f_{\mathrm{g}}}{K_{\mathrm{rg}}}\mathrm{d}f'_{\mathrm{w}} = \frac{\Delta P + G_{\mathrm{g}}L}{v_{\mathrm{t}}} \cdot \frac{v_{\mathrm{eg}}}{\Delta P_{\mathrm{eg}} - G_{\mathrm{g}}L} \cdot f'_{\mathrm{w2}} \tag{3-14}$$

岩心中气相和水相的注入能力比为：

$$I_{\mathrm{r}} = \frac{v_{\mathrm{t}}/(\Delta P + G_{\mathrm{g}}L)}{v_{\mathrm{eg}}/(\Delta P_{\mathrm{eg}} - G_{\mathrm{g}}L)} \tag{3-15}$$

则式(3-14)可整理为：

$$\int_0^{f'_{\mathrm{w2}}} \frac{f_{\mathrm{g}}}{K_{\mathrm{rg}}}\mathrm{d}f'_{\mathrm{w}} = \frac{f'_{\mathrm{w2}}}{I_{\mathrm{r}}} \tag{3-16}$$

故：

$$K_{\mathrm{rg}} = f_{\mathrm{g}} \frac{\mathrm{d}f'_{\mathrm{w2}}}{\mathrm{d}(f'_{\mathrm{w2}}/I_{\mathrm{r}})} \tag{3-17}$$

出口端含水率：

$$f'_{\mathrm{w2}} = \frac{1}{Q_{\mathrm{i}}} \tag{3-18}$$

式中：Q_{i}为注入孔隙体积倍数。

$$Q_{\mathrm{i}} = \frac{Q}{V_{\mathrm{p}}} \tag{3-19}$$

将式(3-18)代入式(3-17)，得

$$K_{\mathrm{rg}} = f_{\mathrm{g}} \frac{\mathrm{d}(1/Q_{\mathrm{i}})}{\mathrm{d}(1/Q_{\mathrm{i}}I_{\mathrm{r}})} \tag{3-20}$$

根据式(3-4)和式(3-5)可推出水相相对渗透率：

$$K_{\mathrm{rw}} = K_{\mathrm{rg}} \frac{f_{\mathrm{w}}\mu_{\mathrm{w}}}{f_{\mathrm{g}}\mu_{\mathrm{g}}} \frac{\Delta P - G_{\mathrm{g}}L}{\Delta P - G_{\mathrm{w}}L} \tag{3-21}$$

岩心出口端含水饱和度为：

$$S_{\mathrm{w2}} = \overline{S}_{\mathrm{w}} - Q_{\mathrm{i}} \frac{\mathrm{d}\overline{S}_{\mathrm{w}}}{\mathrm{d}Q_{\mathrm{i}}} \tag{3-22}$$

以上是考虑启动压力梯度和应力敏感的致密气藏气-水两相相对渗透率的计算公式。

由于在致密岩心的相对渗透率计算过程中，不能忽略启动压力梯度和应力敏感性的影响，常规的 JBN 方法已经不能满足致密岩心相对渗透率计算的需要。通过建立考虑启动压力梯度和应力敏感性的致密气藏两相渗流相对渗透率新的计算方法，可以更准确地了解致密岩心的相对渗透率特征。

3.1.3 渗透率对致密储层两相渗流特征的影响

渗透率对致密储层两相渗流特征的影响测试采用 5 块致密气藏天然岩心进行，分别从致密储层的岩心中选取不同渗透率级别的岩心，研究渗透率对致密储层两相渗流特征的影响。岩心的基础物性见表 3-1。

表 3-1 相对渗透率测试岩心基础物性

岩心号	直径/cm	长度/cm	常压孔隙度/%	常压渗透率/$10^{-3}\mu m^2$	备注
1	2. 540	3. 688	6. 01	0. 060	常规岩心
2	2. 542	6. 320	7. 22	0. 150	常规岩心
3	2. 542	6. 142	5. 04	0. 270	常规岩心
4	2. 540	4. 780	6. 43	0. 420	常规岩心
5	2. 536	5. 250	9. 84	2. 540	裂缝性岩心

将 5 块岩心的气-水相相对渗透率曲线进行综合对比，结果如图 3-2 所示。

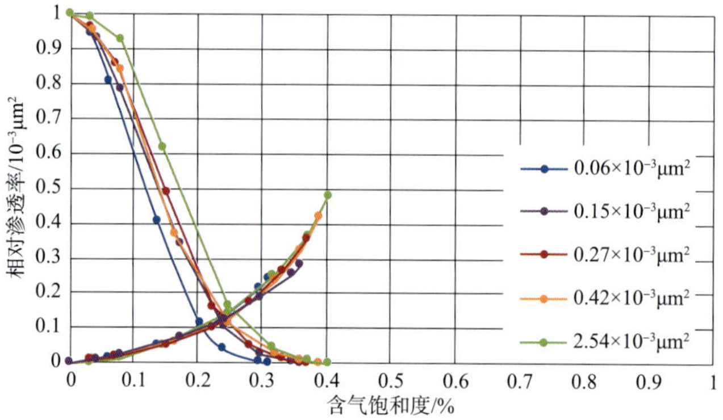

图 3-2 不同渗透率岩心的相对渗透率曲线

从图 3-2 中可以看出，对于不同渗透率的岩心来说，其两相渗透率变化规律总体比较一致：水相相对渗透率在注入气体驱替的最初阶段下降相对缓慢，随后开始急剧下降，等渗点后下降变缓，气相相对渗透率在初期上升缓慢，随着含气饱和度的增加，上升速度逐渐加快，气相相对渗透率曲线呈凹形。

之所以出现这种曲线形态，主要是因为当驱替开始，注入气进入岩心之后，由于润湿性等原因，气体会首先进入致密岩心中相对较大的孔隙内，在驱替开始阶段，进入岩心的气量还很少，因此这一部分气体主要以分散态的不连续气泡形式存在，气相为非连续相，因此气相的渗透率较低，且增加缓慢。而分散态的气体阻碍了岩心中水相的流动，使得水相相对渗透率降低。

但对于致密岩心来说，其孔隙结构基本都是由极为细小的孔隙和喉道构成，在气驱开始阶段，岩心中气体量很少且主要位于相对大孔隙中，绝大部分的小孔喉及一部分相对大孔隙内都被地层水充填，水仍然是连续相，因此虽然注入气之后水相流动受影响，渗透率下降但降幅不大。随着注入的继续进行，岩心孔喉中的气体逐渐增加并逐渐从非连续相转化为连续相，此时气相的渗透率将会加速上升，而水相变成非连续相，相对渗透率会大幅下降。

同时，对比图 3-2 中不同渗透率岩心的气-水相相对渗透率结果可以看出，随着岩心渗透率的降低，气水两相渗流区范围不断减小，岩心的残余水饱和度不断升高，等渗点相对渗透率不断降低。水相相对渗透率降低速度加快，气相相对渗透率上升速度减缓。残余水饱和度下的气相相对渗透率不断降低。这是因为含气饱和度增加，渗透率越低，气水两相在储层中相互干扰越严重。

3.1.4　东胜气田不同层位相渗特征

基于 40 块岩样的气水两相相对渗透率曲线，获得的残余水饱和度 37.3%~82.1%，平均 59.3%；残余水饱和度下气相相对渗透率(0.2190~0.8989)×10^{-3}μm^2，平均 0.5718×10^{-3}μm^2；等渗点含水饱和度 64%~92%，平均 78%；等渗点相对渗透率(0.03~0.12)×10^{-3}μm^2，平均 0.10×10^{-3}μm^2。

以盒 1-1 气藏为例，残余水饱和度 58.5%~82.1%，平均 70.5%；残余水饱和度下气相相对渗透率(0.3918~0.8989)×10^{-3}μm^2，平均 0.6475×10^{-3}μm^2；等渗点含水饱和度 78%~92%，平均 85%；等渗点相对渗透率(0.06~0.15)×10^{-3}μm^2，平均 0.11×10^{-3}μm^2(图 3-3)。

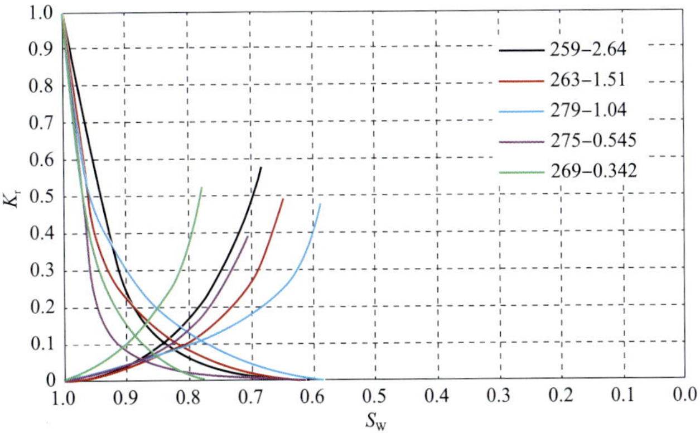

图 3-3　盒 1-1 气藏典型相透曲线

盒 2-2 气藏残余水饱和度 62.3%~63.0%，平均 62.7%；残余水饱和度下气相相对渗透率(0.4150~0.6918)×$10^{-3}\mu m^2$，平均0.5534×$10^{-3}\mu m^2$；等渗点含水饱和度78%~83%，平均81%；等渗点相对渗透率(0.071~0.12)×$10^{-3}\mu m^2$，平均0.10×$10^{-3}\mu m^2$(图3-4)。

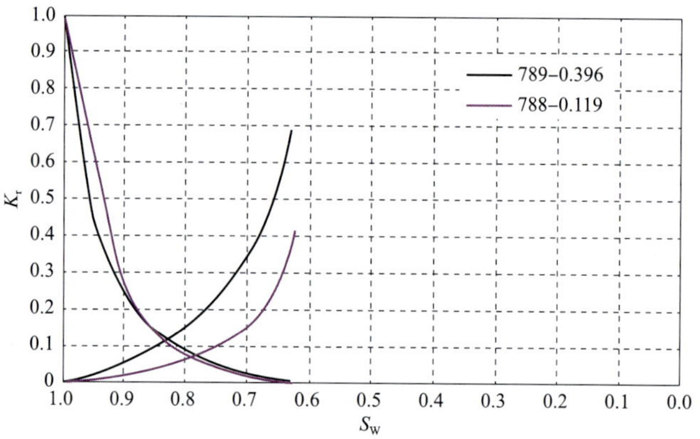

图3-4　盒2-2气藏典型相透曲线

对各层的相对渗透率端点值统计表明，残余水饱和度均值存在明显差异：盒1-1气藏>盒1-3气藏>盒2-2气藏>盒3-1气藏>盒1-2气藏>盒3-2气藏>山1-2气藏，气相渗透率端点值均值、等渗点特征值差异不大，见表3-2。

表3-2　东胜气田各层位相渗曲线特征值统计表

	残余水饱和度均值/%	气相渗透率端点值/$10^{-3}\mu m^2$	等渗点含水饱和度均值/%	等渗点相对渗透率均值/$10^{-3}\mu m^2$
盒1-1气藏	70.5	0.648	0.85	0.11
盒1-2气藏	52.7	0.665	0.74	0.10
盒1-3气藏	63.9	0.536	0.8	0.09
盒2-2气藏	62.7	0.553	0.81	0.10
盒3-1气藏	57.9	0.497	0.77	0.09
盒3-2气藏	50.7	0.639	0.73	0.09
山1-2气藏	40.3	0.649	0.68	0.10
平均值	59.3	0.572	0.78	0.10

3.1.5　致密气藏不同开发阶段两相渗流特征

目前，通常采用常压下测试得到的气水两相相对渗透率曲线来预测生产动态，如采油(气)速度、含水率、采收率等，以指导实际油气藏开发生产。但研究结果表明，随着气藏的逐渐开发，启动压力梯度、渗透率、孔隙度等都会发生变化，因此，流体渗流特征和相对渗透率曲线也必然会发生相应的变化。如果依然使用常压下测得的相对渗透率曲线进行气藏不同开发阶段的相关预测分析工作，必然会产生较大误差，进而影响相应时期开发决策的有效性。因此，很有必要开展不同开发阶段致密气藏岩心相对渗透率曲线变化特征和规律研究，以正确认识气水流动特征和相对渗透率曲线随开发过程的变化规律，为各开发时期制定合理的开发方案提供依据。

为了模拟不同开发阶段的致密储层两相渗流特征，采用定围压-变流压的方法。固定围压模拟上覆地层压力 62MPa，分别将孔隙压力设置为 26MPa（原始地层压力）、20MPa、15MPa、10MPa、5MPa，模拟不同开发阶段的储层孔隙压力变化，在每个孔隙压力（开发阶段）下测试气-水相相对渗透率曲线。

以岩心 3（渗透率 $0.27\times10^{-3}\mu m^2$）为例，其在不同开发阶段的相对渗透率实验结果如图 3-5 所示。

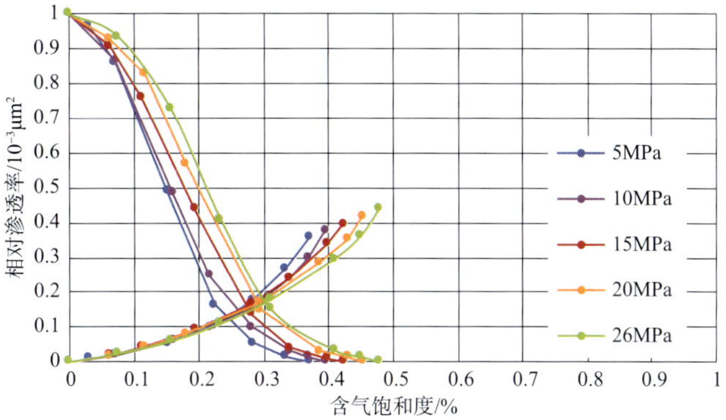

图 3-5　岩心 3 在不同开发阶段的相对渗透率

从图 3-5 中可以看出，同一岩心在不同孔隙压力下的气-水相相对渗透率曲线形态基本一致。水相相对渗透率在最初阶段下降均比较缓慢，随后开始快速下降，等渗点后下降变缓，而气相相对渗透率在初期上升缓慢，随着含气饱和度的增加，上升速度逐渐加快，气相相对渗透率曲线均呈凹形。

对比同一块岩心在不同开发阶段（孔隙压力）下的气-水相相对渗透率曲线可以发现，随着孔隙压力的降低，岩心中两相的相对渗流能力逐渐下降，岩心的残余水饱和度不断升高，两相共渗区逐渐变窄，岩心残余水饱和度下的气相相对渗透率逐渐降低；等渗点相对渗透率不断降低，等渗点含气饱和度降低；水相相对渗透率降低速度增加，气相相对渗透率上升速度有所减缓。主要由于随着孔隙压力的降低，岩心所受有效应力增大，加上油压应力敏感性的作用，岩心的孔隙度和渗透率逐渐减小，启动压力梯度则逐渐上升，使得岩心中流体的流动能力下降，因此两相共渗区范围逐渐变窄，岩心的残余水饱和度不断升高，残余水饱和度所对应的气相相对渗透率逐渐降低。

目前在实际的工程应用中，大都通过在开发初期测得的相对渗透率数据来进行相关计算，指导油气藏的开发工作。而上述研究表明，通过常规手段得到的相渗曲线和气藏实际条件下的有很大的区别，气藏不同开发阶段，其气-水相相对渗透率曲线有很大的差异；

在开发初期的两相渗流情况较理想，相渗曲线共渗区更宽，等渗点和端点的相渗值更高。而在实际气藏开发过程中，随着开发的进行，储层中气水两相的相对渗流能力均会逐渐下降，相对渗透率曲线特征同时会随着开发的进行出现较大的变化。因此，如果使用通过常规手段得到的相渗曲线进行后续相关计算，得到的产能等动态数据都将偏乐观。

综上所述，应该根据不同开发阶段的相对渗透率变化规律，使用和该开发阶段相适应的相对渗透率曲线进行相应的分析计算，以尽可能模拟气藏真实情况，提高决策的准确性。

3.1.6 气-水相相对渗透率曲线在致密气藏开发中的应用

相渗实验的气驱水过程对实际气藏来说相当于成藏过程，气体进入储层后在孔隙中运移，由于重力分异作用逐渐排驱走上部储层中的水并向储层上部积聚。而气体排驱水的排驱压力受到储层基础物性(渗透率、孔喉半径等)的影响，气体会首先驱走排驱压力小(基础物性好)的储层中的水，在物性好的储层中积聚，随后才开始驱替排驱压力大(基础物性差)的储层中的水，直至达到饱和状态。

而实际气藏的开采过程则对应室内实验的水驱气过程。当气井衰竭开采时，气藏的底水和边水将会首先进入基础物性好的储集层，造成两相流动，水的侵入会使得储层的流动能力大幅下降，而附近基础物性稍差的储层则开始流动。因此，边、底水的侵入会改善物性较差的储层的动用。但总体上来说，水体的侵入必然会造成储层的流动能力下降，使得气体的开采难度加大，此时的相对渗透率测定时的驱替压力可以近似认为是储层中气体的解封压力。气-水相相对渗透率曲线在实际气藏开发中还有以下应用。

1. 预测生产气水比

根据当前储层条件下的气-水相相对渗透率、体积系数、黏度，即可计算得到单井的生产气水比。假设在气藏的开发过程中，气相和水相的压力梯度一致，则生产气水比为：

$$\frac{q_g}{q_w}=\frac{B_w}{B_g}\cdot\frac{\mu_w}{\mu_g}\div\frac{k_{rg}}{k_{rw}} \tag{3-23}$$

式中：B_w 和 B_g 分别为地层水和天然气的体积系数；μ_w 和 μ_g 分别为地层水和天然气的黏度，mPa·s；k_{rw}和 k_{rg}分别为相渗曲线中地层水相和气相的相对渗透率，$10^{-3}\mu m^2$。

2. 预测天然气采收率

不同岩心通过相渗实验得到的残余水饱和度和残余气饱和度有很大差别。通过这两个参数可以近似计算出气藏的最终采收率。

$$R_g=\frac{1-s_w-s_g}{1-s_w}\times 100\% \tag{3-24}$$

式中：s_w 为残余水饱和度,%；s_g 为残余气饱和度(岩心中气相开始流动时的气相饱和度值),%。

3.2 致密气藏储层毛管压力特征

致密气藏储层孔喉细小、毛管压力高，储层的毛管压力特征直接影响到流体的流动特性，因此，有必要开展致密岩心毛管压力测试，明确不同类型致密岩心在储层条件下的毛管压力特征。

3.2.1 实验原理及方法

对非湿相施加排驱压力，非湿相将克服岩心孔隙的毛管压力而进入孔隙，将其中的湿相流体经半渗透隔板排出。非湿相把润湿相从孔隙中驱替出来的压力就等于相应孔隙的毛管压力，根据驱替出的润湿相体积可以计算孔隙内的湿相饱和度。逐步增加驱替压差，可建立毛管力与饱和度的关系曲线，获得孔隙大小及分布。实验设备为 CAPRI 地层条件岩电-毛压联测系统，采用 PcMax 高压半渗透隔板，突破压力为 10MPa(图 3-6)。

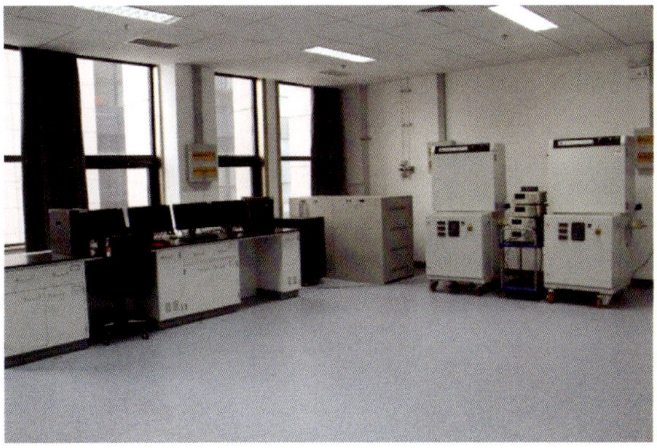

图 3-6　CAPRI 地层条件岩电-毛管压力联测系统

实验过程执行标准 GB/T 29171《岩石毛管压力曲线的测定》，具体步骤如下：

(1)岩样除烃、除盐、烘干。

(2)测定空气渗透率。

(3)抽空饱和实验用盐水，测定孔隙体积、孔隙度。

(4)设定初始压力，用气(或油)驱替岩心中的水，待初始压力下岩心中的含水饱和度不再发生变化即达到平衡条件后再升高压力进行下一个压力点的测量。

(5)在各恒定压力下，毛管压力达到平衡后，记录压力值及被驱出的水体积。

(6)建立毛管压力与含水饱和度关系曲线。

3.2.2 覆压条件下小岩心毛管压力测试结果

东胜气田主力层系 2 块岩心的基础物性见表 3-3。

表 3-3　覆压条件下的毛管压力曲线样品信息

井号	样号	井深/m	层位	岩性	渗透率/$10^{-3}\mu m^2$	孔隙度/%	束缚水饱和度/%
锦 114	197	3019.74	盒 1-3	深灰色中粗砂岩	2.26	10.91	50.43
锦 103	221	3079.55	盒 3-2	深灰色含砾粗砂岩	1.57	11.12	36.89

实验结果如图 3-7 所示。

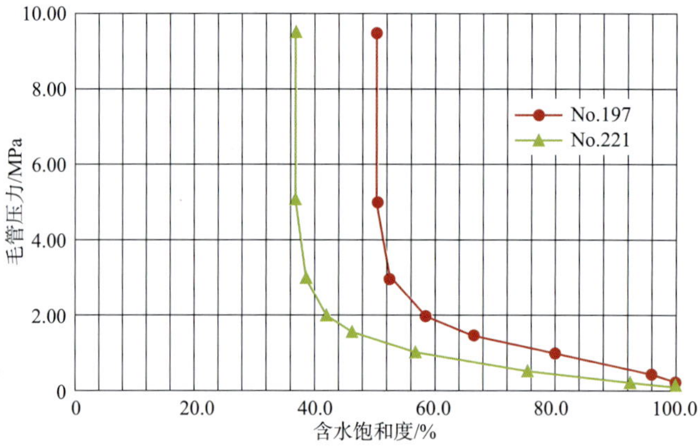

图 3-7　净围压 35MPa 下毛管压力曲线

结果表明，基于 2 块岩样在覆压条件下的毛管压力曲线，获得束缚水饱和度 S_{wi} 为 36.89%～50.43%，平均 43.7%。盒 1-3 气藏工作液滤液在毛管压力作用下极易自吸，并且返排困难，容易导致水相滞留。

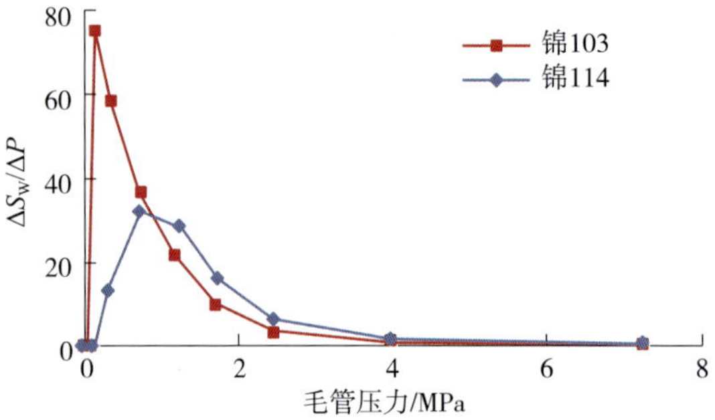

图 3-8　含水饱和度变化速度曲线

同时，随着非润湿相压力升高，岩样含水饱和度不断减小。排驱压力从 0 增加到 2MPa，含水饱和度变化幅度最大，盒 3-2 气藏(锦 103 井 221 样品)饱和度变化速度峰值在 0.2MPa，盒 1-3 气藏(锦 114 井 197 样品)饱和度变化速度峰值在 0.5MPa。盒 3-2 气藏(锦 103 井 221 样品)水相更容易流动，相比较更不容易产生水锁(图 3-8)。

3.2.3　覆压条件下全直径岩心毛管压力测试结果

为了进一步研究储层条件下的真实毛管压力情况，选取 4 块全直径岩心开展覆压条件下的毛管压力测试，全直径岩样的基本信息见表 3-4。

表 3-4 全直径岩样信息统计表

井号	样号	深度/m
锦 114	2-21/43	3020
锦 95	1-11/29	3087
锦 82	2-4/60	2552
锦 101	2-11/49	3022

基于 4 块全直径岩样毛管压力曲线，获得的 S_{wi} 为 46.85%～53.18%，平均 50.03%。全直径样品得到的束缚水饱和度整体高于小直径样品束缚水饱和度，主要原因是因为全直径样品尺寸大，受非均质影响排驱过程相对小岩心不够充分(图 3-9)。

对比来自同一口气井相同层位的小岩心和全直径岩心的毛管压力测试结果，更具有代表性和分析价值(图 3-10 和表 3-5)。

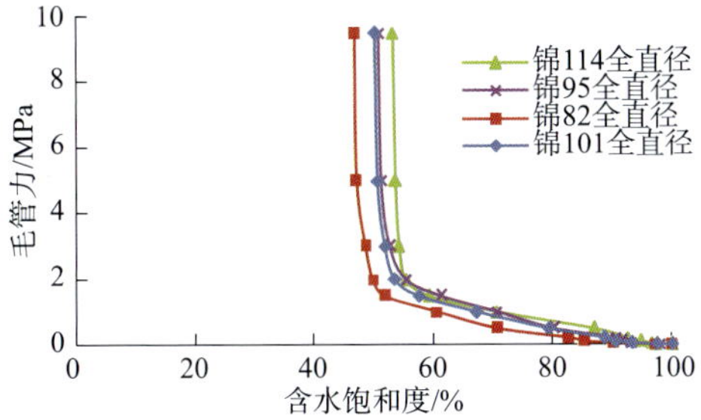

图 3-9 全直径样品毛管力曲线

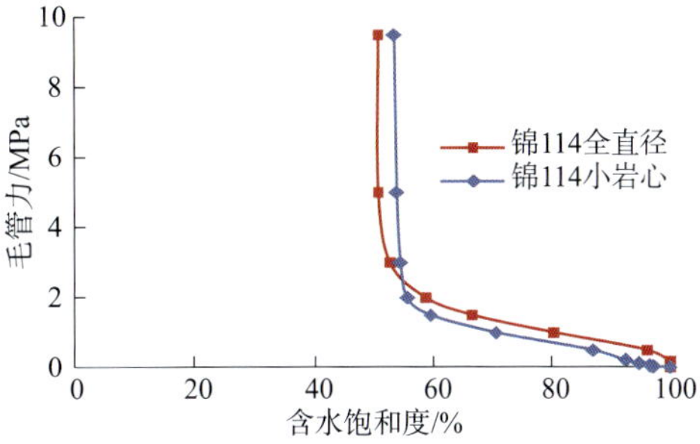

图 3-10 小岩心和全直径样品毛管力曲线

表 3-5 小岩心和全直径样品毛管力实验数据表

锦 114 小岩心		锦 114 全直径	
毛管压力	含水饱和度	毛管压力	含水饱和度
MPa	%	MPa	%
0	100	0	100.00
0.01	100	0.01	97.19
0.05	100	0.05	96.45
0.1	100	0.1	94.69
0.2	100	0.2	92.44
0.5	96.03	0.5	86.80
1	80.17	1	70.39
1.5	66.29	1.5	59.23
2	58.36	2	55.37

续表

锦 114 小岩心		锦 114 全直径	
3	52.41	3	54.18
5	50.43	5	53.61
9.5	50.43	9.5	53.18

相同井号和深度的两块样品对比结果：

(1)全直径样品在低压力阶段含水饱和度就开始降低。这主要是因为：一是全直径存在微裂缝的可能性大于小岩心；二是全直径样品计量精度要高于小岩心，更准确地反映客观实际。

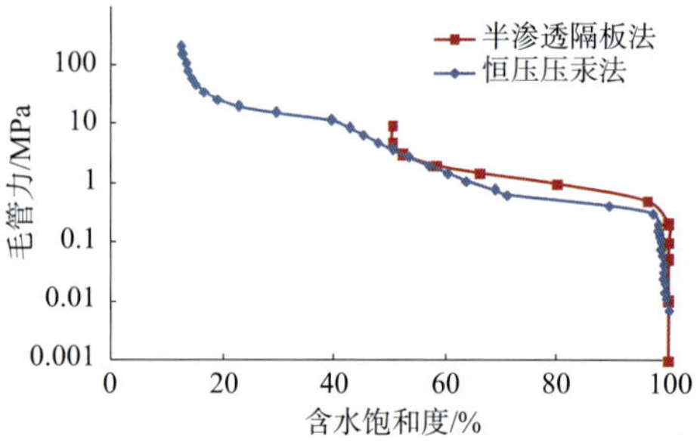

图 3-11　压汞法和半渗透隔板法毛管力曲线

(2)全直径样品在高压力阶段含水饱和度变化幅度变小。这主要是因为：一是全直径岩心非润湿相侵入深度是小岩心的 4 倍，岩心深部位水难以被排驱出来；二是非均质性会引起润湿相的圈闭。

同时，对比了不同方法测试得到的毛管压力曲线的差异，结果如图 3-11 所示。

毛管力曲线两种方法结果差异的原因：压汞法最高实验压力为 206MPa，而半渗透隔板法最高压力仅为 9.5MPa，因此导致了曲线形态存在差异，压汞法得到的岩心束缚水饱和度更低。

3.2.4　核磁共振与气水毛管压力结果对比分析

核磁共振可用来讨论可动流体的可用状况，即流体中可动用部分的百分比。而气水毛管压力曲线是气驱水能力的反映，气饱和度可以理解为可动用的流体百分数。对比分析发现，渗透率接近的样品，可动流体饱和度与含气饱和度数值接近。总体上，可对比，两者数值上差异不大(图 3-12、图 3-13)。

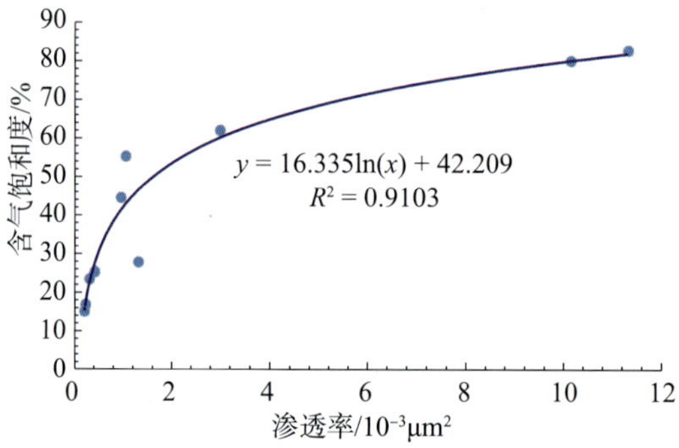

图 3-12　毛管压力测试渗透率与含气饱和度关系

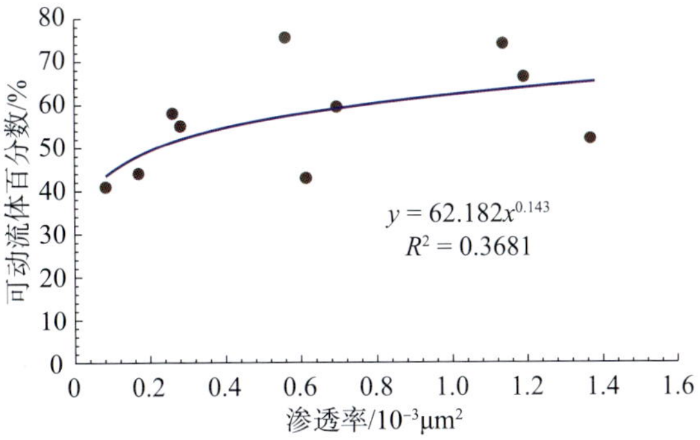

图 3-13 核磁共振渗透率与可动流体饱和度的关系

3.3 致密储层水锁伤害研究

水锁伤害是致密储层伤害的主要类型。由于致密储层孔喉细小，毛管压力高，水相强润湿，极易发生水锁。一旦水锁，将会导致储层渗流能力急剧下降，极大影响气井的正常生产。因此，明确致密储层水锁伤害特征，确定不同方法的解除水锁效果，对于含水致密气藏的高效开发有着重要意义。

3.3.1 实验原理及方法

在排除常规“五敏”、应力敏感性、温度敏感等干扰的情况下，可通过正向驱替制造水锁现象，通过反向驱替或表面活性剂驱替解除水锁。通过未发生水锁、水锁、解水锁三种状态岩心的物性参数和流体饱和度参数，即可判断水锁发生程度、解水锁效果。

其中，饱和岩心驱替法水锁及解除水锁实验步骤如下：

(1)饱和岩心驱替法。

(2)岩心烘干，测量岩心长度 L，直径 D，干重 G。

(3)将岩心装入夹持器中，测定固定围压下(恒定上覆压力)的空气渗透率 K_0。

(4)抽空岩心，饱和地层水，测量饱和后岩心质量。计算岩心孔隙体积及孔隙度 ϕ、含水饱和度 S_w。

(5)将岩心装入夹持器中，围压与测定气体渗透率时压力一致，用地层水驱替至出口端液滴连续，称重，确保岩心完全饱和。

(6)围压不变，空气驱替至束缚水状态(得 S_{wi})，测定此时的气体渗透率 K_1，水锁损害程度(渗透率损害率)公式如下：

水锁损害率：　　$D_k=(K_0-K_1)/K_0\times100\%$

水锁损害程度标准参照“储层敏感性流动实验评价方法(SY/T 5358—2010)”水锁损害

率指覆压条件下的数值。

(7)解水锁实验

①按照束缚水下测量气体的压差反向注入氮气至气体流量稳定(只要驱替出水的岩样，证明岩样发生水锁)，然后再正方向测量空气渗透率 K_2，对比 K_1、K_2，判断解水锁程度和解水锁效果。通过驱替出的水量，计算驱替出的含水饱和度 S_{wq}。通过 S_w、S_{wi}、S_{wq} 可从饱和度的角度判断水锁程度和解水锁效果。

解水锁渗透率恢复率 $=(K_2-K_1)/K_2\times100\%$

②反向注入乙醇 1PV(以出口端液体计量为准)，然后在正方向气驱至出口端不见液体，测量此时空气渗透率 K_3，对比 K_1、K_3，判断水锁程和解水锁效果。

解水锁渗透率恢复率 $=(K_3-K_1)/K_3\times100\%$

其中，自吸法水锁及解除水锁实验步骤如下：

(1)岩心烘干，测量岩心长度 L，直径 D，干重 G。

(2)将岩心装入夹持器中，测定定围压下(恒定上覆压力)的空气渗透率 K_0。

(3)将岩心浸泡在地层水中 48h 以上，期间监测岩心质量，两次称重岩心质量不变时，记录岩心质量 G_1。

(4)将岩心装入夹持器中，围压不变，恒定注入压力测定空气气体渗透率 K_1，水锁损害程度评价同上式。

(5)解水锁实验室验与前文中的步骤(7)一致。

为了更准确得到岩心饱和度的值，在进行饱和度测量时，采用两种方法，一是岩心出口端分离器计量出液量，二是岩心质量法测量。

水锁和解水锁实验样品基本信息如表 3-6 所示。

表 3-6 水锁及解水锁实验样品数据表

岩心编号	井号	层位	深度/m	长度 L/cm	直径 D/cm	干重 $G_干$/g	孔隙度/%	水平渗透率/$10^{-3}\mu m^2$
1	锦 103	盒 1	3073.00	6.65	2.46	72.1081	13.90	3.15
2	锦 103	盒 1	3075.00	6.50	2.50	74.7664	11.30	1.77
3	锦 103	盒 1	3080.00	6.68	2.51	77.3094	11.00	2.83
5	锦 119	盒 1	3367.50	6.12	2.52	76.2297	6.30	1.83
12	锦 120	盒 1	2571.30	5.60	2.52	64.4303	11.20	4.44
15	锦 120	盒 1	2575.40	4.72	2.52	49.9811	8.70	3.70
16	锦 120	盒 1	2576.00	5.67	2.51	65.483	11.30	5.41
19	锦 137	盒 1	3422.10	4.37	2.52	54.3147	7.10	0.51
20	锦 137	盒 1	3421.10	4.53	2.53	59.3137	4.10	0.21

续表

岩心编号	井号	层位	深度/m	长度 L/cm	直径 D/cm	干重 $G_干$/g	孔隙度/%	水平渗透率/$10^{-3}\mu m^2$
25	锦 137	盒 1	3425.00	6.30	2.52	76.3660	8.80	1.49
29	锦 144	盒 1	3224.50	6.64	2.52	86.1595	2.30	3.00
30	锦 144	盒 1	3226.40	4.64	2.53	59.8125	2.50	0.72
33	锦 25	盒 1	3451.20	6.70	2.52	75.0060	15.30	4.62
36-1	锦 25	盒 1	3470.50	3.15	2.52	36.8462	11.90	1.14
36-2	锦 25	盒 1	3470.50	3.27	2.52	38.2499	11.90	1.14
37	锦 25	盒 1	3450.00	6.62	2.52	73.6355	15.50	4.92
38	锦 51	盒 1	2722.70	5.05	2.53	57.9431	13.70	6.05
39	锦 51	盒 1	2723.20	6.24	2.53	74.1443	11.50	1.58
41	锦 51	盒 1	2726.60	6.78	2.53	78.6083	13.10	1.72
42	锦 51	盒 1	2728.40	6.62	2.53	77.1986	13.10	2.86

3.3.2 实验结果

采用饱和驱替和自吸两种方法进行的水锁及解水锁实验结果分别见表 3-7 和表 3-8。

表 3-7 饱和驱替法水锁及解水锁实验数据表

岩心编号	覆压条件数据								解锁方式	饱和方式
	地层水渗透率/$10^{-3}\mu m^2$	空气渗透率/$10^{-3}\mu m^2$	束缚水空气渗透率/$10^{-3}\mu m^2$	束缚水饱和度/%	水锁损害率/%	解锁后空气渗透率/$10^{-3}\mu m^2$	解锁后含水饱和度/%	渗透率恢复率/%		
16	0.123	0.1603	0.0745	54.94	53.52	0.0949	49.91	21.50	N_2	饱和驱替
37	0.201	0.4127	0.2421	53.66	41.34	0.2923	48.32	17.17	N_2	
1	0.164	0.1145	0.0525	53.03	54.15	0.053	49.38	0.94	N_2	
3	0.036	0.2184	0.0725	43.54	66.80	0.0853	40.82	15.01	N_2	
2	0.106	0.1023	0.0201	60.13	80.35	0.0249	55.48	19.28	N_2	
25	0.033	0.1119	0.0199	46.31	82.22	0.0213	26.36	6.57	N_2	
20	0.048	0.0131	0.0008	68.75	93.89	0.001	70.66	20.00	N_2	
36-1	0.036	0.0908	0.045	47.41	50.44	0.0507	41.76	11.24	N_2	
平均	0.0934	0.1530	0.0659	53.47	65.34	0.0779	47.84	13.96		

续表

岩心编号	覆压条件数据								解锁方式	饱和方式
	地层水渗透率/$10^{-3}\mu m^2$	空气渗透率/$10^{-3}\mu m^2$	束缚水空气渗透率/$10^{-3}\mu m^2$	束缚水饱和度/%	水锁损害率/%	解锁后空气渗透率/$10^{-3}\mu m^2$	解锁后含水饱和度/%	渗透率恢复率/%		
36-2	0.033	0.0969	0.049	47.21	49.43	0.0511	25.45	4.27	乙醇	饱和驱替
12	0.100	0.334	0.1213	49.56	63.68	0.1339	30.62	9.41	乙醇	
29	0.242	0.0079	0.0004	63.3	94.94	0.0005	53.64	20.00	乙醇	
41	0.025	0.0716	0.0178	52.36	75.14	0.0191	44.66	6.81	乙醇	
平均	0.100	0.1276	0.0471	53.11	70.80	0.051	38.59	10.12		

表 3-8 自吸法水锁及解水锁实验数据表

岩心编号	覆压条件数据							解锁方式	饱和方式
	空气渗透率/$10^{-3}\mu m^2$	束缚水空气渗透率/$10^{-3}\mu m^2$	束缚水饱和度/%	水锁损害率/%	解锁后空气渗透率/$10^{-3}\mu m^2$	解锁后岩心含水饱和度/%	渗透率恢复率/%		
38	0.3089	0.0934	50.32	69.76	0.1247	47.05	25.10	N_2	自吸
15	0.2126	0.0127	57.66	94.03	0.0187	48.51	32.09	N_2	
39	0.1112	0.0196	53.16	82.37	0.0371	70.02	47.17	N_2	
19	0.0344	0.0012	75.64	96.51	0.0038	70.02	68.42	N_2	
平均	0.1668	0.0317	59.20	85.67	0.0461	58.90	43.20		
33	0.3016	0.1909	53.78	36.70	0.2123	42.11	10.08	乙醇	自吸
42	0.088	0.0136	62.64	84.55	0.0179	46.93	24.02	乙醇	
5	0.0933	0.0354	62.82	62.06	0.0417	45.25	15.11	乙醇	
30	0.0106	0.0039	64.5	63.21	0.0068	63.11	42.65	乙醇	
平均	0.1234	0.0610	60.94	61.63	0.0697	49.35	22.97		

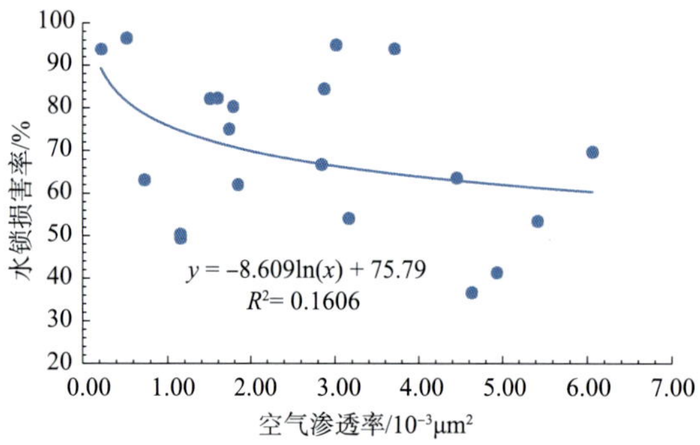

图 3-14 空气渗透率与水锁损害率的关系

水锁伤害率与渗透率的关系如图 3-14、图 3-15 所示。解水锁渗透率恢复率与渗透率的关系如图 3-16、图 3-17 所示。结果表明渗透率越低，水锁伤害率越大。渗透率越低，解水锁渗透率恢复率越高。

同时，比较不同解水锁方式的渗透率恢复值可以看出，相对于注乙醇的方法，注氮气（N_2）的解除水锁效果更好；

且渗透率越低，注气解除水锁后渗透率的恢复率也就越高(图 3-18)。因此，后续现场应该考虑采取注氮气解除水锁的方法，改善严重水锁气井的生产效果。

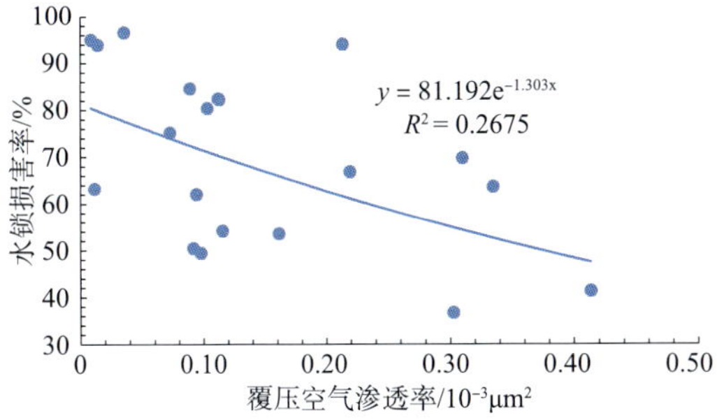

图 3-15　覆压渗透率与水锁损害率的关系

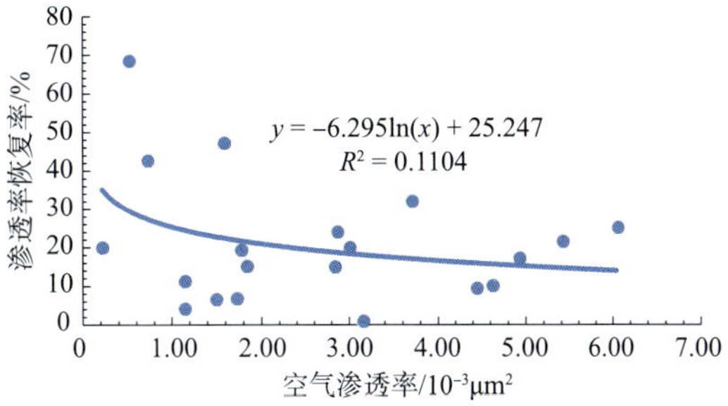

图 3-16　空气渗透率与渗透率恢复率的关系

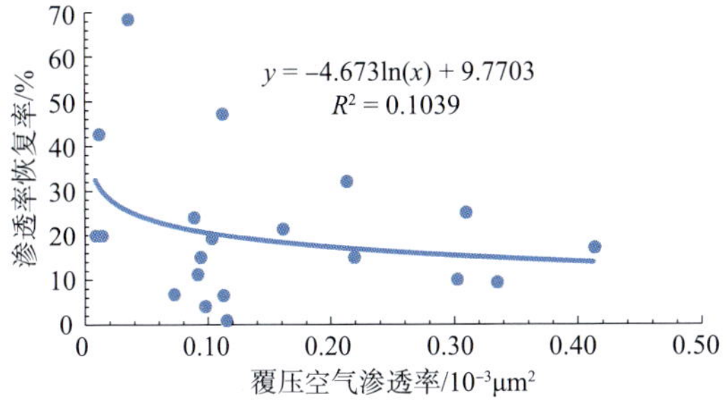

图 3-17　覆压渗透率与渗透率恢复率的关系

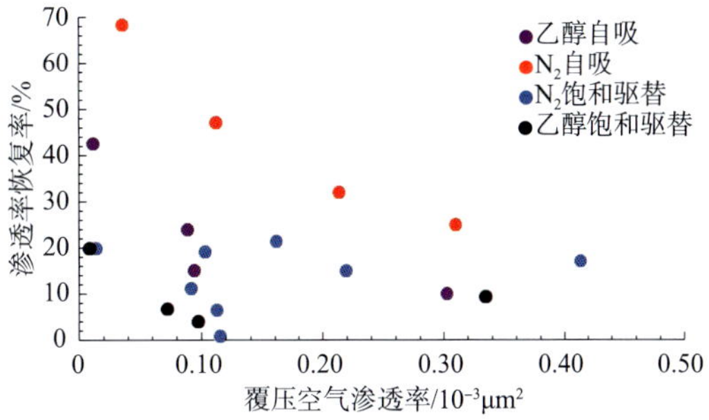

图 3-18　不同水锁解除方式下空气渗透率与渗透率恢复率的关系

1. 不同水锁形成条件(渗吸、驱替)下的水锁伤害模拟

选取 6 块岩样开展水锁实验分析，岩心渗透率为(0.2544~1.3938)×$10^{-3}\mu m^2$，覆盖了所有渗透率变化范围，具有一定的代表性。首先备好岩样(岩样烘干 24h，抽真空加压饱和地层水)；测量岩样饱和状态下核磁，将岩心放入岩心夹持器，用氮气进行驱替，建立含水饱和度至 45%左右，建立完成后取出，进行核磁测试，核磁结束后进行气测渗透率；将岩心放入渗吸实验系统，进行渗吸实验，待岩样质量基本上不发生变化后，取出进行核磁测试；以一定的驱替压力气驱 4h，结束后进行气测渗透率；将岩心放入岩心夹持器，用地层水驱替 1PV，取出称重，以一定的驱替压力下气驱 4h，结束后进行气测渗透率。表 3-9 为水锁岩样综合数据表，图 3-19 为核磁测试结果。

表 3-9　水锁岩样综合数据表

井号	岩心号	样品深度/m	层位	孔隙度/%	渗透率/$10^{-3}\mu m^2$	含水饱和度变化/%	含水饱和下气测渗透率/$10^{-3}\mu m^2$	含水饱和度/%	渗吸后气测渗透率/$10^{-3}\mu m^2$	含水饱和度/%	水驱后气测渗透率/$10^{-3}\mu m^2$
锦 7	4-48/73	2802.16	盒 1	7.3	0.0118	45.32-44.62	0.0059	95.62-82.06	0.0002	98.01-82.02	0.0001

续表

井号	岩心号	样品深度/m	层位	孔隙度/%	渗透率/$10^{-3}\mu m^2$	含水饱和度变化/%	含水饱和下气测渗透率/$10^{-3}\mu m^2$	含水饱和度/%	渗吸后气测渗透率/$10^{-3}\mu m^2$	含水饱和度/%	水驱后气测渗透率/$10^{-3}\mu m^2$
锦 21	2-6/33	2872.06	盒 1	9.3	0.0335	45.38-44.43	0.0201	90.87-66.22	0.0037	94.66-66.94	0.0068
锦 21	2-13/33	2873.04	盒 1	10.1	0.0335	45.48-44.62	0.0233	90.40-67.72	0.003	96.20-67.46	0.0044
锦 21	2-21/33	2873.98	盒 1	10.6	0.0292	45.70-44.67	0.0196	90.53-70.51	0.002	95.89-69.54	0.003
锦 116	1-35/57	2975.14	盒 1	7.0	0.0184	44.96-44.00	0.0117	93.01-72.85	0.0004	97.30-72.34	0.0008
锦 116	2-42/49	2986.19	盒 1	13.6	0.1413	44.73-43.28	0.0674	88.62-59.42	0.0214	91.84-58.72	0.0314

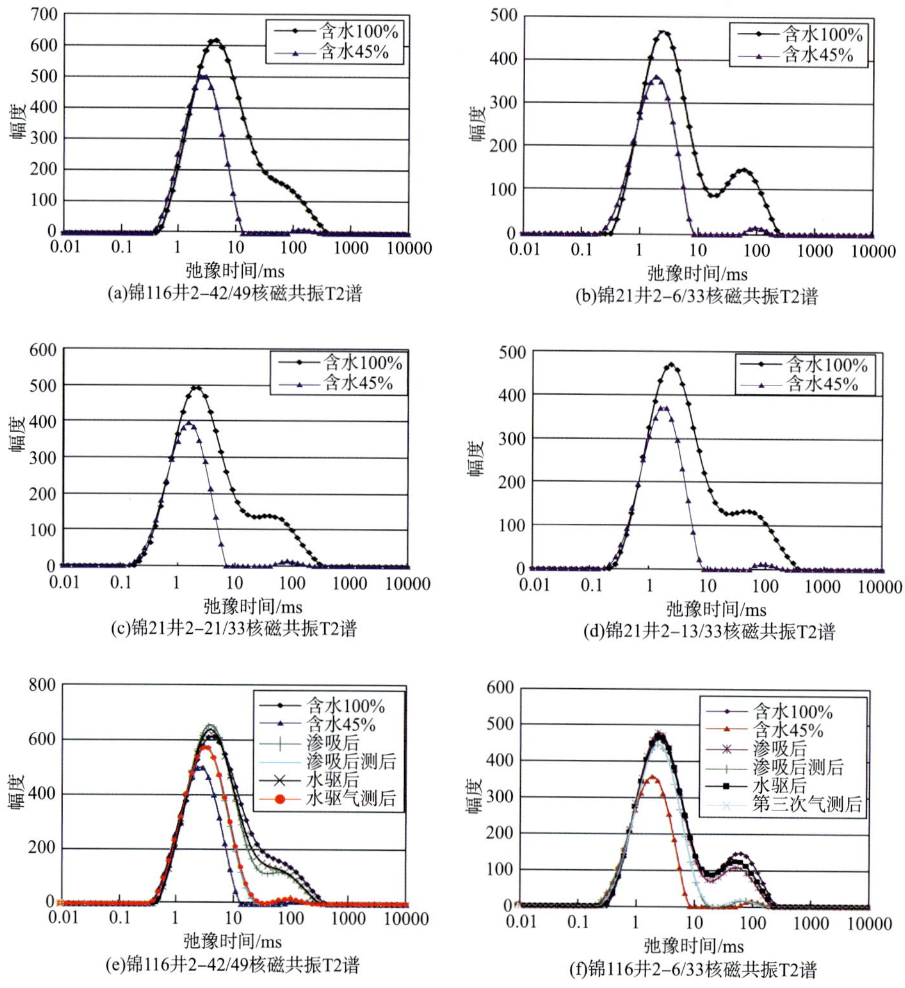

(a)锦116井2-42/49核磁共振T2谱
(b)锦21井2-6/33核磁共振T2谱
(c)锦21井2-21/33核磁共振T2谱
(d)锦21井2-13/33核磁共振T2谱
(e)锦116井2-42/49核磁共振T2谱
(f)锦116井2-6/33核磁共振T2谱

图 3-19　核磁共振 T2 图谱

针对气水夹层的研究，研究水层对气层渗流的影响，首先将岩样抽真空加压饱和，气驱建立45%含水饱和度，开始渗吸至质量不再发生变化，在渗吸前期，气水快速交换，岩样质量增加较快，当岩样含水饱和度达到90%左右，气水交换放缓至平衡状态，45%含水饱和度下，渗透率为原来的47.7%~69.6%，渗吸、驱替后，渗透率分别变为了原来的7.64%、11.85%，高含水情况下，渗透率损失更为严重。

2. 长周期水锁模拟实验研究

共选取了4块岩样，开展了长周期水锁模拟实验，其中，2块开展了长期渗吸，2块开展了长期水驱模拟实验。实验结果见表3-10，图3-20~图3-22。随着驱替PV数的增加，驱替压力先快速增加而后趋向稳定，含水饱和度随着渗吸时间的增长，呈先快后慢的增长方式。

表3-10 长期水锁岩样综合数据表

序号	井号	岩心号	孔隙度/%	渗透率/$10^{-3}\mu m^2$	含水饱和度/%	含水饱和下气测渗透率/$10^{-3}\mu m^2$	含水饱和度/%	气测渗透率/$10^{-3}\mu m^2$	备注
1	锦116	2-32/49	9.7	0.0247	44.96	0.0111	88.78-71.91	0.0012	水驱
2	锦9	2-32/49	14.1	0.0855	45.72	0.0809	96.94-46.22	0.0420	
3	锦9	2-43/49	14.4	0.3427	45.00	0.2401	92.42-50.42	0.1111	渗吸
4	锦116	1-35/57	7.0	0.0184	44.42	0.0087	95.26-70.84	0.0033	

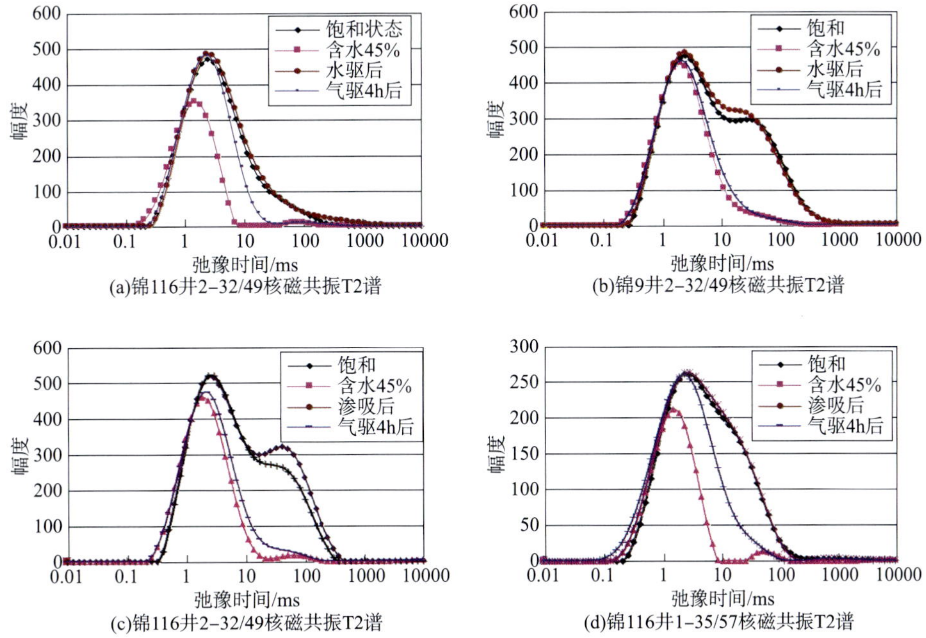

(a)锦116井2-32/49核磁共振T2谱
(b)锦9井2-32/49核磁共振T2谱
(c)锦116井2-32/49核磁共振T2谱
(d)锦116井1-35/57核磁共振T2谱

图3-20 核磁共振T2谱

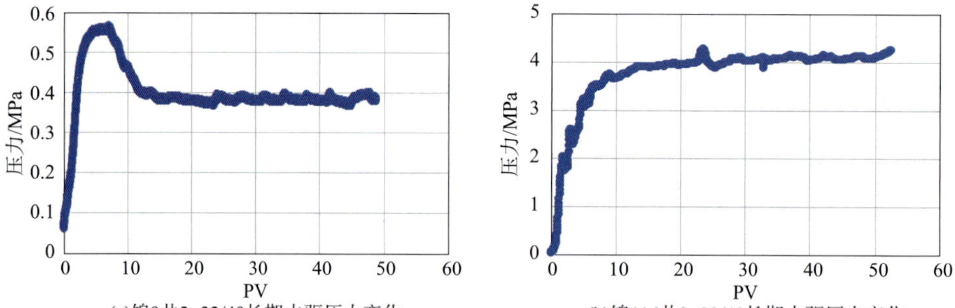

(a)锦9井2-32/49长期水驱压力变化　　(b)锦116井2-32/49长期水驱压力变化

图 3-21　长期水驱压力变化

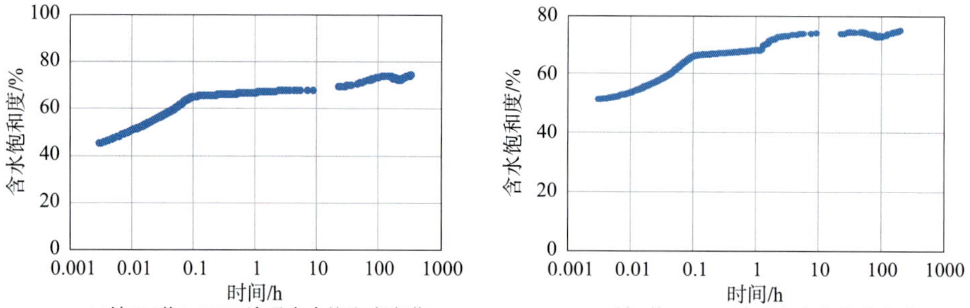

(a)锦116井1-35/57渗吸含水饱和度变化　　(b)锦9井2-43/49渗吸含水饱和度变化

图 3-22　渗吸含水饱和度变化

3.3.3　伤害机理分析

1. 黏土矿物分析

储层岩石胶结物是除碎屑颗粒以外的化学沉淀物质，一般是结晶的与非结晶的自生矿物，在岩石中含量一般小于50%，它对岩石起胶结作用，使之变硬。胶结物的存在总是使岩石物性变差，但是胶结物类型和分布方式不同，对储层物性的影响程度不同。胶结物的成分一般分为泥质、钙质(灰质)、硫酸盐、硅质和铁质，但最常见的是泥质、灰质和硫酸盐。胶结方式通常有以下三种：基底胶结、孔隙胶结和接触胶结。胶结物中矿物成分在开发过程中容易受到破坏的成分称为敏感矿物，敏感性矿物对储层的孔渗影响很大，例如在粗石英砂中加入2%的蒙脱石，渗透率降低10倍，加入5%蒙脱石，渗透率下降30倍；同样的石英砂，加入15%的高岭石时，仍然具有较好的渗透率，由此可见，黏土类型对储层物性的影响是非常大的。研究储层胶结物和黏土分布方式的手段主要是X衍射和扫描电镜，前者分析胶结物的含量、黏土的相对和绝对含量；后者直观观察黏土在孔隙表面和孔隙内的分布方式。通过这些研究，可以更深入了解储层性质及其对开发效果的影响。结合水敏实验情况，共完成了20块岩样的黏土矿物及全岩分析，结果表明东胜气田长盒1储层以高岭石和绿泥石为主要胶结物，黏土含量较高。结果表明：储层黏土伊蒙间层平均含量20.9%，高岭石是砂岩储层中最常见且含量较高的黏土胶结物，主要是充填粒间孔隙，使原来的粒间孔隙变成微细的晶间孔隙，由于晶间孔隙极细微，对渗透率贡献很小，从而降低了渗透率，绿泥石平均含量33.1%，伊利石平均含量达到了16.6%，伊利石易在喉道处形成堵塞，产生水敏，导致水锁加剧。

2. 毛管压力实验分析

此外，选取了15块不同物性岩样，开展了高压压汞测试，测试结果见表3-11，结果表明，岩样高压压汞中值压力高，孔隙中值半径0.017~0.184μm，平均0.125μm，最终进汞饱和度79.73%~94.95%，残余汞饱和度偏高，退汞效率26.86%~54.16%，相对较低；曲线形态呈细歪度，表明微细孔道发育，孔道分选不好，从而导致水锁加剧。

3. 储层岩样水敏感性分析

从所取岩心中选取20块岩样开展了水敏实验分析，岩心渗透率为(0.094~1.479)×10^{-3}μm^2，覆盖了盒1、盒2、盒3三个层位的渗透率变化范围，具有一定的代表性；测试过程参考石油行业标准SY/T 5358—2010《储层敏感性流动实验评价方法》，备好岩样(将岩样烘干24h；抽真空加压饱和地层水)，放入岩心夹持器中；缓慢增加围压至储层上覆压力，以合适驱替速度测试岩心渗透率，待出口液体流量稳定，记下驱替压力和流量；保持上覆压力不变，逐级更换地层水矿化度，50%地层水、30%地层水、10%地层水、0%地层水，驱替12h以上，分别测试相应渗透率变化情况，对储层进行水敏感性评价。测试结果见图3-23、表3-12。实验结果表明，水敏损害程度为25.20%~80.57%，由弱到中等偏强，整体水敏性中等偏弱，临界盐度主要集中在20000ppm(1ppm=10^{-6})，与黏土矿物测试结果一致。

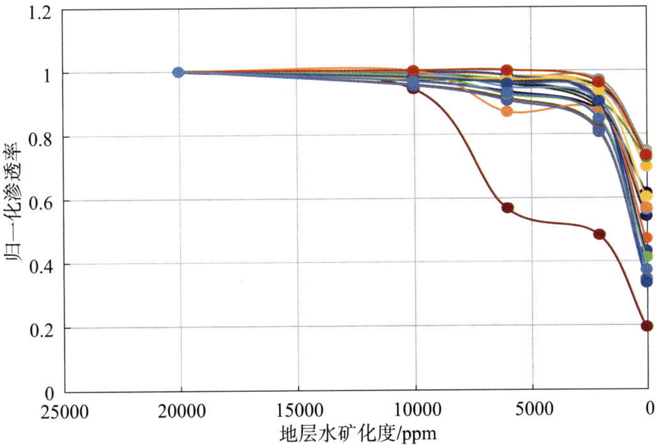

图3-23 地层水矿化度与归一化渗透率曲线

表 3-11 高压压汞岩样综合数据表

序号	井号	样号	取样		渗透率 K/ $10^{-3}\mu m^2$	孔隙度 ϕ/ %	孔隙半径/μm			分选系数/ S_p	歪度/ S_{kp}	相对分选系数 D	均质系数 α	汞饱和度/%		仪器最大退出效率 W_e/%	排驱压力 P_{cd}/ MPa
			层位	深度 H/ m			最大/ R_a	平均/ R_p	中值/ R_{50}					最大/ S_{max}	最终剩余/ S_r		
1	锦 7	3-17/42	盒 3-1	2761.92	0.419	6.984	2.416	0.379	0.141	2.153	0.117	0.188	0.157	88.03	48.91	44.44	0.304
2	锦 7	4-12/73	盒 2-1	2793.00	0.323	6.614	1.608	0.282	0.096	2.279	0.080	0.191	0.175	89.84	47.40	47.24	0.457
3	锦 21	2-27/33	盒 1-1	2874.87	0.181	6.241	1.114	0.118	0.017	2.537	-0.363	0.188	0.106	85.94	56.52	34.24	0.660
4	锦 48	2-1/47	盒 3-1	2547.19	1.391	14.536	5.348	0.622	0.024	2.909	-0.689	0.231	0.116	94.95	66.56	29.90	0.137
5	锦 48	2-10/47	盒 3-1	2548.43	0.411	10.478	2.418	0.370	0.019	3.214	-0.673	0.248	0.153	90.98	66.54	26.86	0.304
6	锦 53	1-13/56	盒 1-3	2891.20	0.724	12.020	2.399	0.436	0.179	2.367	0.170	0.207	0.182	92.82	59.03	36.41	0.306
7	锦 53	3-60/60	盒 1-2	2909.35	0.674	13.302	2.394	0.451	0.064	2.379	-0.251	0.200	0.188	91.16	53.27	41.57	0.307
8	锦 72	1-3/47	盒 1-1	2941.38	1.527	13.093	5.346	0.728	0.409	2.358	0.356	0.223	0.136	92.81	67.40	27.38	0.137
9	锦 72	1-5/47	盒 1-1	2941.68	1.077	12.929	2.419	0.578	0.301	3.098	0.063	0.288	0.239	92.10	61.23	33.52	0.304
10	锦 91	3-7/43	盒 1-3	2977.06	0.267	8.909	1.602	0.161	0.018	2.354	-0.407	0.173	0.101	79.73	36.55	54.16	0.459
11	锦 91	3-35/43	盒 1-2	2983.00	0.578	10.393	2.399	0.438	0.105	3.160	-0.129	0.272	0.182	90.72	57.18	36.97	0.306
12	锦 93	3-24/35	盒 1-2	3036.83	0.788	10.709	1.623	0.257	0.073	1.990	-0.187	0.165	0.158	90.81	41.79	53.98	0.453
13	锦 116	1-23/57	盒 1-1	2973.10	2.108	10.291	2.389	0.383	0.184	2.157	0.152	0.189	0.160	93.32	56.24	39.73	0.308
14	锦 77	3-45/51	盒 1-2	2697.71	0.469	14.658	2.408	0.435	0.096	2.707	0.288	0.229	0.181	83.91	46.66	44.39	0.305
15	锦 77	4-46/55	盒 1-1	2705.77	1.028	16.638	2.415	0.444	0.143	2.296	-0.127	0.203	0.184	93.48	49.14	47.43	0.304

表 3-12 水敏感性岩样测试结果

序号	井号	岩心号	深度/m	层位	长度/cm	直径/cm	孔隙度/%	渗透率/$10^{-3}\mu m^2$	水敏指数/%	损害程度
1	锦 7	3-17/42	2761.92	盒 3-1	6.612	2.516	7.0	0.282	65.49	中等偏强
2	锦 7	4-12/73	2793.00	盒 2-1	6.144	2.517	6.6	0.200	43.47	中等偏弱
3	锦 9	2-15/49	2990.62	盒 1-2	5.965	2.401	11.4	0.266	39.80	中等偏弱
4	锦 21	1-39/52	2840.03	盒 1-3	6.705	2.522	12.3	0.215	65.92	中等偏强
5	锦 21	2-7/33	2872.25	盒 1-1	6.044	2.502	9.8	0.104	30.35	中等偏弱
6	锦 48	2-10/47	2548.43	盒 3-1	5.268	2.530	10.5	0.329	80.57	中等偏强
7	锦 53	1-13/56	2891.20	盒 1-3	5.360	2.525	12.0	0.523	25.20	弱
8	锦 53	3-60/60	2909.35	盒 1-2	6.095	2.517	13.3	0.568	45.96	中等偏弱
9	锦 72	1-2/47	2941.19	盒 1-1	4.525	2.477	13.5	0.407	56.70	中等偏强
10	锦 72	1-3/47	2941.38	盒 1-1	5.026	2.520	13.1	1.084	66.55	中等偏强
11	锦 72	1-5/47	2941.68	盒 1-1	5.269	2.519	12.9	0.830	62.47	中等偏强
12	锦 91	3-7/43	2977.06	盒 1-3	5.871	2.524	8.9	0.094	43.84	中等偏弱
13	锦 91	3-35/43	2983.00	盒 1-2	5.975	2.522	10.4	0.415	58.66	中等偏强
14	锦 91	4-39/57	2990.98	盒 1-2	6.109	2.526	11.4	0.513	27.31	弱
15	锦 93	2-11/35	3021.37	盒 1-3	7.327	2.523	9.8	0.122	25.99	弱
16	锦 93	3-1/35	3033.07	盒 1-2	6.787	2.528	10.6	0.181	38.43	中等偏弱
17	锦 93	3-24/35	3036.83	盒 1-2	5.239	2.519	10.7	0.462	25.95	弱
18	锦 116	1-23/57	2973.10	盒 1-1	5.932	2.523	10.3	1.479	52.90	中等偏强
19	锦 77	3-45/51	2697.71	盒 1-2	6.125	2.472	14.7	0.380	26.65	弱
20	锦 77	4-46/55	2705.77	盒 1-1	6.270	2.443	16.6	0.820	43.23	中等偏弱

4 致密含水气藏气井产能评价

准确评价气井产能是确定单井合理生产制度、保证气井开发效果的基础。对于致密气藏来说，受渗流特征和含水的影响，其产能计算的难度大、影响因素多、计算准确度有限。因此，发展适合含水致密气藏的产能评价技术，明确产水致密气井合理配产方法，对于致密气井的长期稳产和有效开发有着重要的意义。

4.1 一点法产能评价

4.1.1 一点法产能计算

“一点法”气井无阻流量计算是基于二项式产能公式和气井多流量稳定试井数据的一种经验公式法，且由于测试工序简单、时间短，在现场得到了广泛的应用。一点法产能评价只要求测取稳定的地层压力、一个工作制度下的稳定流压，对于缺少技术流程和装置的探井而言，可以大大缩短测试时间，减少资源浪费。

国内“一点法”在勘探早期的应用是由陈元千教授提出，其理论依据是压力平方形式的二项式产能方程。在计算无阻流量时，取 $P_{wf}=0.101\text{MPa}$，并考虑到 $P_R^2-P_{wf}^2\approx P_R^2$，则有：$P_R^2=Aq_{AOF}+Bq_{AOF}^2$，与二项式产能方程式相除可得：

$$\frac{P_R^2-P_{wf}^2}{P_R^2}=\alpha\frac{q_g}{q_{AOF}}+(1-\alpha)\left(\frac{q_g}{q_{AOF}}\right)^2 \tag{4-1}$$

其中：

$$\alpha=\frac{A}{A+Bq_{AOF}} \tag{4-2}$$

令：

$$q_D=\frac{q_g}{q_{AOF}} \tag{4-3}$$

$$P_D=\frac{P_R^2-P_{wf}^2}{P_R^2} \tag{4-4}$$

则式(4-1)可以表示为：

$$P_D=\alpha q_D+(1-\alpha)q_D^2 \tag{4-5}$$

通过求解可得到：

$$q_D=\frac{\alpha\left(\sqrt{1+4\left(\frac{1-\alpha}{\alpha^2}\right)P_D}-1\right)}{2(1-\alpha)} \tag{4-6}$$

将式(4-6)代入式(4-1)得：

$$q_{AOF}=\frac{2(1-\alpha)q_g}{\alpha\left(\sqrt{1+4\left(\frac{1-\alpha}{\alpha^2}\right)P_D}-1\right)} \tag{4-7}$$

式(4-7)为常用的气井"一点法"产能计算公式。在已知变量 α 以后，只需测出一个稳定流量下的井底流压数据和地层压力数据，即可利用公式计算出气井的无阻流量和产能方程。

陈元千教授根据我国不同气田 16 口气井多点法产能试井资料的统计分析，得到 α 系数的统计均值为 0.25，即得到"一点法"无阻流量公式为：

$$q_{AOF}=\frac{6q_g}{\sqrt{1+48P_D}-1} \tag{4-8}$$

鄂尔多斯盆地大牛地气田"一点法"产能评价公式。

$$q_{AOF}=\frac{0.2745q_g}{\sqrt{1+0.6244P_D}-1} \tag{4-9}$$

4.1.2 一点法产能计算局限性

1. 经验系数的影响

由式(4-7)可以看出，影响经验产能公式的主要参数是 α，α 与二项式产能方程中的系数 A、B 有关。变量 α 是储层渗透率、厚度、表皮系数、温度、气体黏度、偏差因子、气体相对密度、紊流系数等多因素函数，在气井测试过程中是一个受各种因素影响的变量，显然不能将其作为一个常数或统计数，尤其不能作为不相关气藏参数的统计数。

同时，由于一点法在计算无阻流量的过程中，将系数 A 和 B 作为一个定值来处理，将无阻流量计算简化为只是关于压力和流量的关系式，对于单一气相渗流流体，一点法预测无阻适用性比较好；而对于东胜气田存在气液两相流的致密气井，这样做忽略了渗流方程系数针对不同渗流条件而变化带来的影响。

2. 井底流压的影响

井底流压与产量关系密切，产量越小，流压越大；产量越大，流压越小。因此，井底流压的影响实质上也是产量的影响。长庆气田下古气藏气井高精度修正等时试井资料研究单点法测试技术界限，提出了下古气藏一点法测试应满足：较均质气井 $P_{wf}/P_R\leqslant 90\%$(即

$P_D \geqslant 0.19$)，非均质气井 $P_{wf}/P_R \leqslant 80\%$（即 $P_D \geqslant 0.36$），这样才能保证一点法计算的无阻流量误差一般<10%，否则计算结果误差会较大。这一条件值得其他气田借鉴。

3. 测试时间的影响

气井产能试井理论研究结果表明，随着测试影响半径的扩大，二项式系数 A 逐渐增大，无阻流量相应的减小，直至影响半径扩大至气井所控制的范围，才能得到固定的系数 A 和准确的无阻流量。因此，对于单点测试，若测试时间过短，则影响半径小，所确定的无阻流量仅仅反应了井周围，甚至酸化或压裂改造范围的气藏特征，即主要代表了井周围改造区的产能，未能反应或未能充分反应出井外围广大范围的非均质性对气井产能的影响，得到的无阻流量必然偏高。特别是对于低渗透气藏，压力恢复缓慢，所测的地层静压值偏低，求产开井 3 天以上多数井测取不到稳定的流压，所取流压值偏高，所计算的无阻流量均偏高。因而，根据一点法所得到的产能方程来预测地层产能往往偏大。开井时间越长，所求的无阻流量越低，准确性越高。因此，一点法试井应保证一定的测试时间，使影响半径接近或达到气井所控制气藏范围的边界。以上仅分别从单因素角度分析了一点法无阻流量的准确性和可靠性，实质上，在应用一点法计算无阻流量时，各因素是相互影响、相互制约、密切相关的，不可能仅从单一方面分析、判断无阻流量的准确程度，应综合分析评价，但应明确主要影响因素。

4.1.3　一点法在东胜气田适用性评价

以东胜气田 3 口探井为例，将一点法产能计算得到的单井无阻流量和产能试井结果进行对比，结果见表 4-1。可以看出，一点法计算得到的无阻流量均远高于试井解释得到的无阻流量值，误差范围达到 30%～40%。也就是说，采用常规的一点法在含水致密气藏进行产能计算，其结果将会有明显偏差。

表 4-1　东胜气田锦 58 井区一点法计算与试井解释无阻对比表

井名	生产水气比/(m^3/万 m^3)	测试井底流压/MPa	测试产气量/(万 m^3/d)	一点法无阻/(万 m^3/d)	试井解释无阻/(万 m^3/d)	相对误差/%
J58P4H	3.2	23.6	4.7	21.6	13.144	39.1
J58P5H	3.6	25.2	4.3	31.0	22.944	25.9
J58P13H	2.6	23.2	5.0	20.4	14.29	29.9

4.2　修正等时试井

修正等时试井是稳定产能试井方法之一，主要通过修正等时试井来确定气井当前无阻流量，由此制定气井合理工作制度。修正等时试井实质上是一种短期试采，与气井生产动

态密切相关；在确定气井产能的同时，还可以用来评价气井稳产水平和能力，通过试井解释可以得到气层物性参数、气藏工程参数，分析气层孔隙类型、非均质性、边界特征等。特别对于低渗透/致密油气藏，通过修正等时试井可以大幅度缩短试井周期，具有更强的适用性。

修正等时试井通常由"等时测试"和"延续生产"两部分组成，前者是一组产量由小到大，开、关井时间间隔相等的短时测试过程；后者是以合理产量持续生产至压力稳定。"等时测试"主要确定二项式方程系数 B 或指数式方程指数 n，"延续生产"主要确定二项式方程系数 A 或指数式方程系数 C。由此得到气井稳定产能方程，进而得到无阻流量。

但传统的修正等时试井却忽视了"终关井压力恢复"这一重要测试过程。从实用角度出发，借助前期测试和生产的机遇，及时测试终关井压力恢复曲线，既得到了当前地层压力，又可以根据终关井压力恢复曲线解释储层参数、气藏工程参数，分析气层孔隙类型、非均质性、边界特征等。

气井稳定产能方程二项式：

$$P_r^2-P_{wf}^2=Aq_g+Bq_g^2 \tag{4-10}$$

指数式：

$$q_g=C(P_i^2-P_{wf}^2)^n \tag{4-11}$$

从而得到无阻流量分别为：

$$q_{AOF}=\frac{-A+\sqrt{A^2+4B\Delta P^2}}{2B} \tag{4-12}$$

$$q_{AOF}=C(P_i^2-0.101^2)^n \tag{4-13}$$

东胜致密低渗气藏渗流机理不同于常规气藏，用传统二项式分析方法确定的不稳定产能直线斜率为负，无法分析，引入常数 C 进行修正。

$$P_e^2-P_{wf}^2=Aq_g+Bq_g^2+C \tag{4-14}$$

$$m=\frac{42.42TP_{sc}}{khT_{sc}} \tag{4-15}$$

$$A=2m\left(\lg\frac{r_e}{r_w}+0.434s\right) \tag{4-16}$$

$$B=0.87mD \tag{4-17}$$

$$C=\frac{2\bar{P}\lambda}{\overline{uz}}(r_e-r_w) \tag{4-18}$$

式中：A 为达西项系数；B 为非达西项系数；C 为启动压力梯度引起的附加压力降系数。

J58P4H 井进行了修正等时试井，测试数据见表 4-2。利用常规二项式产能方程做出的产能曲线如图 4-1 所示，产能直线斜率为负。采用二项式方法来解释修正等时试井，通过试算求取的常数 C 值为 36，产能曲线如图 4-2 所示。

$$P_r^2-P_{wf}^2=1.294q_g+2.0q_g^2+36 \tag{4-19}$$

表 4-2　J58P4H 井修正等时试井测试数据表

测点	P_r/MPa	P_{wf}/MPa	Q_g/(万 m³/d)
1	26.3	25.38	1.7529
2	26.05	24.94	2.7374
3	25.71	24.595	4.216
4	25.37	22.34	6.4973
稳定点	26.30	21.5497	5.0

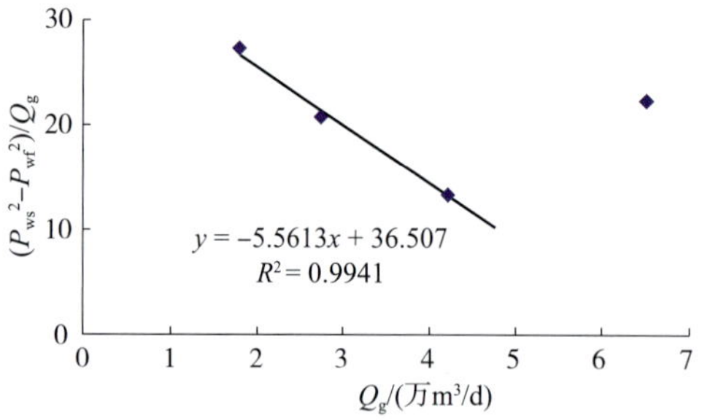

图 4-1　J58P4H 井常规二项式产能曲线

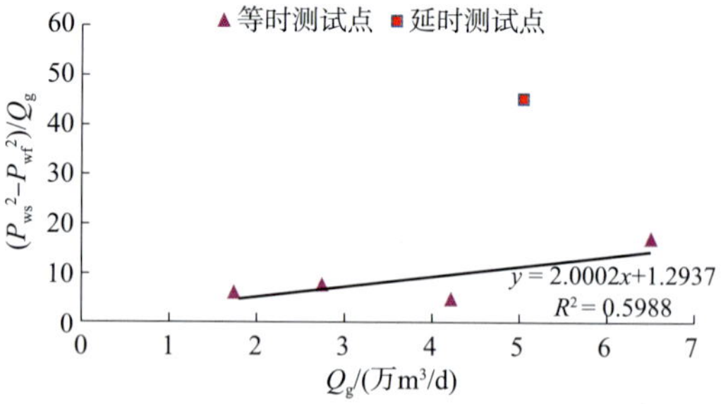

图 4-2　J58P4H 井考虑启动压力梯度二项式产能曲线

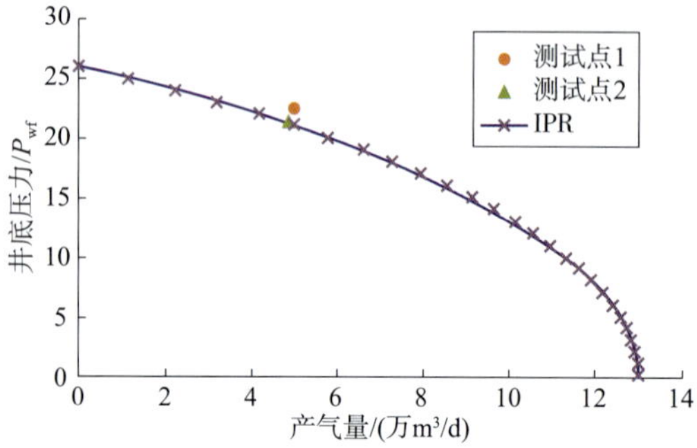

图 4-3　J58P4H 井 IPR 曲线

锦 58 井区三口水平井进行修正等时试井，测试数据结果见表 4-3。3 口水平井修正等时试井后，定产量生产，工作制度稳定，15 天监测一次井底流压，监测点均落在气井的 IPR 曲线上(图 4-3～图 4-5)，表明修正等时试井产能评价准确。

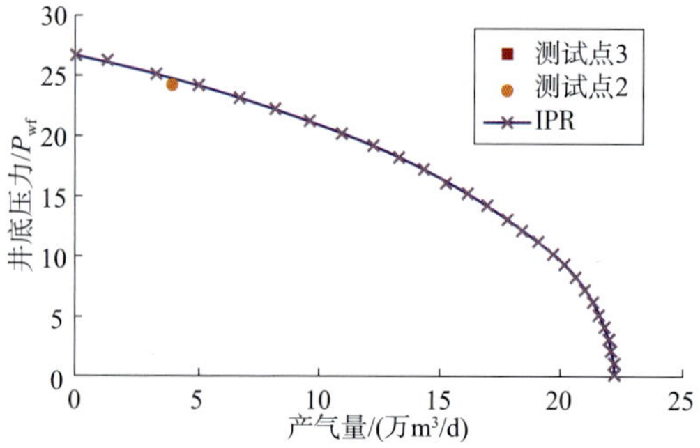

图 4-4　J58P5H 井 IPR 曲线

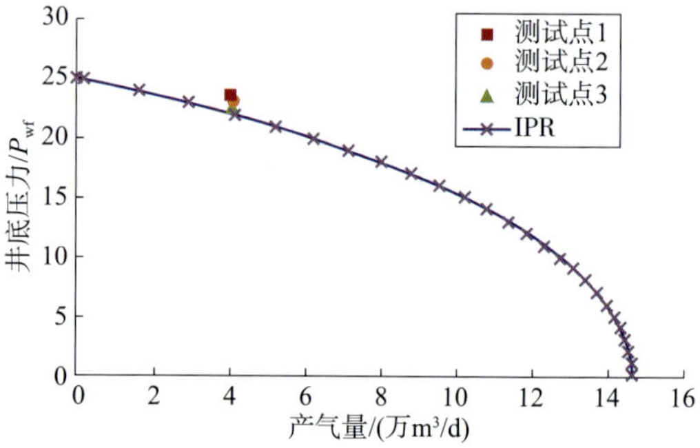

图 4-5　J58P13H 井 IPR 曲线

表 4-3 J58P4H、J58P5H 和 J58P13H 井的修正等时试井解释数据

井名	测试次数	压力监测时间	初始静压/MPa	目前地层压力/MPa	油压/MPa	日产气量/m^3	日液量/m^3	管流压降/MPa	流压/MPa	P_i 无阻流量/m^3	P_r 无阻流量/m^3	试气/试采	修正等时无阻/m^3
J58P4H	1	2015/12/2	26.30	25.71	15.2	50348	5.5	7.26	22.46	17.00	19.32	试采	16.1
	2	2015/12/17	26.30	25.52	14.4	49149	9.7	6.95	21.35	13.31	15.04	试采	
平均								7.10		15.155	17.18		
J58P5H	1	2015/11/19	26.79	26.23	18.4	39529	0	6.16	24.56	22.32	28.73	试采	22.94
	2	2015/12/5	26.79	26.06	18.2	39873	0.1	5.93	24.13	19.12	25.11	试采	
平均								6.03		20.72	26.92		
J58P13H	1	2015/11/12	26.30	25.76	18.8	40468	3	4.70	23.50	18.21	21.83	试采	14.29
	2	2015/11/27	26.30	25.59	18.2	41210	3.5	4.72	22.92	15.61	18.84	试采	
	3	2015/12/13	26.30	25.41	17.8	41195	4.4	4.59	22.39	13.69	16.73	试采	
平均								4.67		15.84	19.13		

4.3 压裂水平井气水两相产能评价模型

针对致密低渗气藏压裂水平井产能求解的模型，国内外学者已经做了大量的研究工作。但多数模型是建立在气体单相流动的基础之上，然而对于东胜气田而言，压裂水平井在试气和试采过程中普遍存在气水同产的问题。因此，对于射孔完井的压裂水平井，将裂缝内部流动等效为考虑高速非达西流动的平面径向流，在考虑气水两相流和储层应力敏感的基础上，基于势函数叠加理论和气水两相广义拟压力建立了致密气藏压裂水平井产能计算方法，分析了不同影响因素对水平井产能的影响，并实现了产能模型的软件化。

1. 基本假设

(1)压裂水平井位于上下边界为封闭边界、水平方向为矩形的均质箱式气藏中心(压裂水平井模型如图 4-6 所示)。

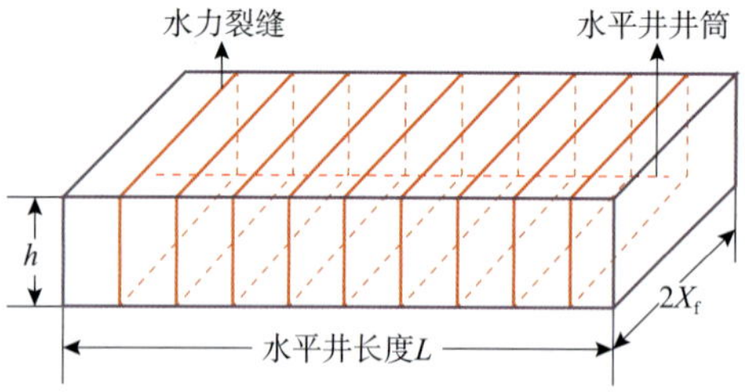

图 4-6　压裂水平井模型示意图

(2)假设垂直裂缝完全穿透产层，流体先经基质流入裂缝，再沿裂缝进入水平井筒，不考虑由基质直接流入水平井筒的渗流过程。

(3)所有裂缝的井底压力均相同，N 条裂具有相同的长度和宽度，裂缝间距相等，相互平行。

(4)储层物性、流体特性、压力系统基本相近。

(5)流体为单相微可压缩流体，且满足达西定律。

(6)考虑应力敏感对渗透率的影响和启动压力梯度对产能的影响。

2. 物理模型

假设水平井井筒半径为r_w，水平段长度为 L，渗透率为 k，孔隙度为常数，水平井段存在 N 条等长度、等间距分布的裂缝，缝宽为 X_f，裂缝渗透率 k_f，裂缝长度为 L_f。对于裂缝条数不同的压裂水平井，其裂缝分布位置如图 4-7 所示。

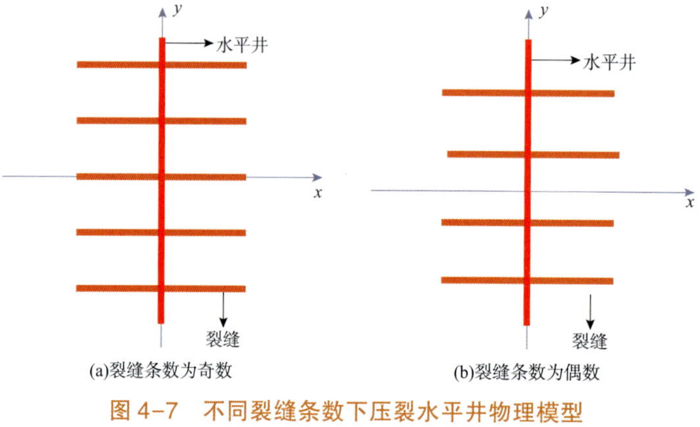

图 4-7　不同裂缝条数下压裂水平井物理模型

3. 应力敏感条件下压裂水平气井产能公式

1) 地层到裂缝的流动

当压裂水平井位于顶底封闭水平方向无限大的均值气藏中心处时，压裂水平井的任意一条裂缝位置坐标为，则其在平面上任意一点产生的压力分布为：

$$P(x,\ y)=\frac{1.842q_{gf}\mu_g}{k_g k_{rg} h}\arccos\frac{1}{\sqrt{2}}\left\{1+\frac{x^2}{X_f^2}+\left(\frac{y_0}{X_f}-\frac{y}{X_f}\right)^2+\sqrt{\left[1+\frac{x^2}{X_f^2}+\frac{(y_0-y)^2}{X_f^2}\right]^2-4\frac{x^2}{X_f^2}}\right\}^{0.5}+C \tag{4-20}$$

式中：$P(x,\ y)$为裂缝周围任意一点的压力分布，MPa；h 为气藏有效厚度，m；k_g 为气相渗透率，$10^{-3}\mu m^2$；k_{rg}为气相相对渗透率，小数；q_{gf}为裂缝产气量，m^3/d。

令：

$$A=\arccos\frac{1}{\sqrt{2}}\left\{1+\frac{x^2}{X_f^2}+\left(\frac{y_0}{X_f}-\frac{y}{X_f}\right)^2+\sqrt{\left[1+\frac{x^2}{X_f^2}+\frac{(y_0-y)^2}{X_f^2}\right]^2-4\frac{x^2}{X_f^2}}\right\}^{0.5} \tag{4-21}$$

式(4-20)和式(4-21)联立并取微分可得：

$$dq(x,\ y)=\frac{1.842q_{gf}\mu_g}{k_g k_{rg} h}dA \tag{4-22}$$

考虑气水两相渗流时，气相和水相方程分别为：

$$\frac{kk_{rg}}{\mu_g}dq(x,\ y)=\frac{1.842q_{gf}}{盒}dA \tag{4-23}$$

$$\frac{kk_{rw}}{\mu_w}dq(x,\ y)=\frac{1.842q_{wf}}{盒}dA \tag{4-24}$$

式中：k_w 为水相渗透率，$10^{-3}\mu m^2$；k_{rw} 为水相相对渗透率，小数；q_{wf} 为裂缝产水量，m^3/d。

考虑水相的黏度和体积系数为常数，气相的黏度和体积系数是关于压力的函数，联立式(4-23)和式(4-24)可得相对渗透率与压力之间的关系式为：

$$\frac{k_{rg}}{k_{rw}}=\frac{1}{R_{wg}}\frac{\mu_g B_g}{\mu_w B_w} \tag{4-25}$$

考虑储层应力敏感影响时，储层绝对渗透率与原始渗透率的关系为：

$$k=k_i e^{-\alpha(P_i-P)} \tag{4-26}$$

式中：α 为应力敏感系数，MPa^{-1}。

将式(4-25)代入式(4-26)和式(4-27)，并联立得：

$$\left(\frac{k_{rg}\rho_g}{\mu_g}+\frac{k_{rw}\rho_w}{\mu_w}\right)e^{-\alpha(P_i-P)}dP=\left(\frac{1.842q_{gf}\rho_g}{k_i h}+\frac{1.842q_{wf}\rho_w}{k_i h}\right)dA \tag{4-27}$$

根据质量守恒定律：$q_{gscf}\rho_{gsc}=q_{gf}\rho_g$，$q_{wscf}\rho_{wsc}=q_{wf}\rho_w$，并定义水气比为：

$$R_{wg}=q_{wscf}/q_{gscf} \tag{4-28}$$

式中：q_{gscf}为标况下裂缝气相流量，m^3/d；q_{wscf}为标况下裂缝水相流量，m^3/d；ρ_{gsc}为标况下气相密度，$10^3m^3/d$；ρ_{gsc}为标况下气相密度，$10^3m^3/d$。

则式(4-27)可变为：

$$\left(\frac{k_{rg}\rho_g}{\mu_g}+\frac{k_{rw}\rho_w}{\mu_w}\right)e^{-\alpha(P_i-P)}\mathrm{d}P=\frac{1.842(\rho_{gsc}+R_{wg}\rho_{wsc})}{k_ih}q_{gscf}\mathrm{d}A \tag{4-29}$$

气水两相广义拟压力可表示为：

$$\psi(P)=\int_0^P\left(\frac{k_{rg}\rho_g}{\mu_g}+\frac{k_{rw}\rho_w}{\mu_w}\right)e^{-\alpha(P_i-P)}\mathrm{d}P \tag{4-30}$$

将式(4-30)代入式(4-29)积分可得，一条裂缝生产时产生的两相广义拟压力为：

$$\psi(P)=\frac{1.842(\rho_{gsc}+R_{wg}\rho_{wsc})}{k_ih}q_{gscf}A+C \tag{4-31}$$

考虑缝间干扰的影响，则 N 条裂缝同时生产时，地层内任意一点的气水两相广义拟压力分布为：

$$\psi(P)=\frac{1.842(\rho_{gsc}+R_{wg}\rho_{wsc})}{k_ih}\sum_{i=N_0}^{N_0}q_{gscfj}\arccos\frac{1}{\sqrt{2}}\left\{1+\frac{x^2}{X_f^2}+\left(\frac{y_0-id}{X_f}\right)^2+\sqrt{\left[1+\frac{x^2}{X_f^2}+\frac{(y_0-id)^2}{X_f^2}\right]^2-4\frac{x^2}{X_f^2}}\right\}^{0.5} \tag{4-32}$$

式中：q_{gscfj}为第 j 条裂缝气量，m^3/d；X_f 为裂缝半长，m；d 为裂缝间距或半间距，m；N_0 为裂缝条数。

若裂缝条数为奇数，i 从 $-N_0$ 开始以 1 的速度递增；若裂缝条数为偶数，i 从 $-N_0$ 开始以 2 的速度递增，且裂缝间距或者半间距 d 以及 l 与 N_0 的表达式为：

$$d=\begin{cases}L/N；N\text{为奇数}\\L/(2N)；N\text{为偶数}\end{cases}$$

$$j=\begin{cases}i+N_0+1；N\text{为奇数}\\\dfrac{i+N_0}{2}+1；N\text{为偶数}\end{cases}$$

$$N_0=\begin{cases}(N-1)/2；N\text{为奇数}\\N-1；N\text{为偶数}\end{cases} \tag{4-33}$$

在第 j 条裂缝$(0, md)$处，气水两相广义拟压力为：

$$\psi(0, md)=\frac{1.842(\rho_{gsc}+R_{wg}\rho_{wsc})}{k_ih}\sum_{i=-N_0}^{N_0}\arccos\sqrt{1+\frac{(md-id)}{X_f^2}}+C_1 \tag{4-34}$$

其中

$$m=\begin{cases}-N_0+j-1；N\text{为奇数}\\-N_0+2(j-1)；N\text{为偶数}\end{cases} \tag{4-35}$$

在边界$(0, r_e)$处，气水两相广义拟压力为：

$$\psi(0, r_e)=\frac{1.842(\rho_{gsc}+R_{wg}\rho_{wsc})}{k_i h}\sum_{i=-N_0}^{N_0}\operatorname{arccos}\sqrt{1+\frac{(r_e-id)}{X_f^2}}+C_1 \tag{4-36}$$

联立式(4-32)和式(4-36)可得：

$$\psi_e-\psi_{fj}=\frac{1.842(\rho_{gsc}+R_{wg}\rho_{wsc})}{k_i h}\sum_{i=-N_0}^{N_0}q_{gscfj}\left[\operatorname{arccos}\sqrt{1+\frac{(r_e-id)}{X_f^2}}-\operatorname{arccos}\sqrt{1+\frac{(r_e-id)^2}{X_f^2}}\right] \tag{4-37}$$

由于 $\operatorname{arccos}\sqrt{1+x^2}=\ln\left(x+\sqrt{1+x^2}\right)$，化简式(4-37)可得致密低渗气藏气水两相流时，任意一条裂缝的边界压力满足：

$$\psi_e-\psi_{fj}=\frac{1.842(\rho_{gsc}+R_{wg}\rho_{wsc})}{k_i h}\sum_{i=-N_0}^{N_0}q_{gscfj}\ln\frac{\left(\frac{r_e}{X_f}-\frac{id}{X_f}\right)+\sqrt{1+\frac{(r_e-id)^2}{X_f^2}}}{\left|\frac{md}{X_f}-\frac{id}{X_f}\right|+\sqrt{1+\frac{(md-id)^2}{X_f^2}}} \tag{4-38}$$

2)裂缝到井筒的流动

由于裂缝半长远远大于水平井井筒半径，因此，裂缝内的流体从裂缝边缘向井筒周围聚集可被看成是地层厚度等于裂缝宽度 w，边界压力为 p_{fj} 及井底压力为 p_{wfj} 的平面径向流(图 4-8)，等效渗流半径 R 为 $\sqrt{h*2X_f}$。

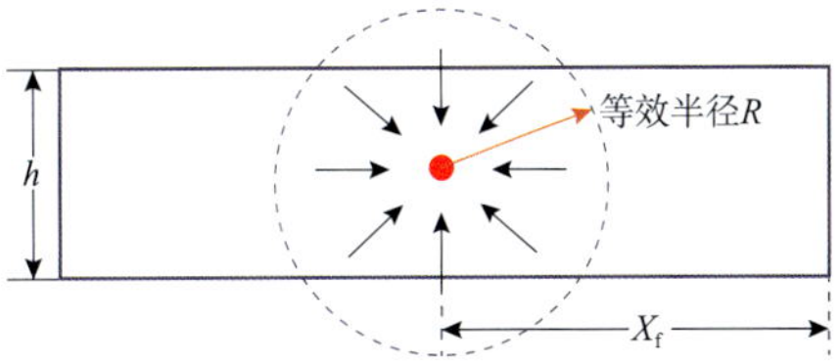

图 4-8　平面径向流裂缝物理模型

考虑气体高速非达西渗流条件下的气相和水相运动方程分别为：

$$\frac{dp}{dr}=\frac{11.574\mu_g}{k_f k_{rg}}\frac{q_{gf}}{2\pi rw}+1.34\times10^{-3}\beta\rho_g\left(\frac{q_{gf}}{2\pi rw}\right)^2 \tag{4-39}$$

$$\frac{dp}{dr}=\frac{11.574\mu_g}{k_f k_{rw}}\frac{q_{wf}}{2\pi rw}+1.34\times10^{-3}\beta\rho_g\left(\frac{q_{gf}}{2\pi rw}\right)^2 \tag{4-40}$$

式中：w 为裂缝宽度，m。

进一步化简为：

$$\frac{k_{rg}\rho_g}{\mu_g}dp=\frac{1.842q_{gscf}\rho_{wsc}}{k_f w}\frac{dr}{r}+\frac{2.59\times10^{-4}}{k_{rg}^{0.5}\mu_g}\frac{\rho_{gsc}^2 q_{gscf}^2}{k_f^{1.5}w^2}\frac{dr}{r^2} \tag{4-41}$$

$$\frac{k_{rw}\rho_w}{\mu_w}dp=\frac{1.842q_{wsc}\rho_{wsc}}{k_f w}\frac{dr}{r} \tag{4-42}$$

定义裂缝气水两相拟压力为：

$$m(P)=\int_{p_i}^{p}\left(\frac{k_{rg}\rho_g}{\mu_g}+\frac{k_{rw}\rho_w}{\mu_w}\right)dp \tag{4-43}$$

并令：

$$f(P)=\frac{1}{k_{rg}^{0.5}\mu_g} \tag{4-44}$$

联立式(4-43)和式(4-44)，引入气水两相拟压力的定义，并在对应区间上积分，得到气水两相渗流条件下裂缝-井筒渗流模型为：

$$m_{fj}-m_{wfj}=\frac{1.842(q_{gsc}+\rho_{wsc}R_{wg})}{k_f w}\ln\frac{R}{r_w}+\frac{2.59\times10^{-4}\rho_{gsc}^2 q_{gscf}^2}{k_f^{1.5}w_g^2}\int_{r_w}^{R}\frac{f(P)}{r^2}dr \tag{4-45}$$

联立式(4-38)和式(4-45)可得箱式封闭气藏中心压裂水平井生产时，任意一条裂缝处的产能方程：

$$\psi_e-\psi_{wfj}=\frac{1.842(\rho_{gsc}+R_{wg}\rho_{wsc})}{k_i h}\sum_{i=-N_0}^{N_0}q_{gscfj}\ln\frac{\left(\frac{r_e}{X_f}-\frac{id}{X_f}\right)+\sqrt{1+\frac{(r_e-id)_2}{X_f^2}}}{\left|\frac{md}{X_f}-\frac{id}{X_f}\right|+\sqrt{1+\frac{(md-id)^2}{X_f^2}}}+$$

$$\frac{1.842(q_{gscfj}+\rho_{wsc}R_{wg})q_{gscfj}}{k_f w}\ln\frac{R}{r_w}+\frac{2.59\times10^{-4}\rho_{gsc}^2 q_{gscfj}^2}{k_f^{1.5}w_g^2}\int_{r_w}^{R}\frac{f(P)}{r^2}dr \tag{4-46}$$

4. 产能方程求解

方程(5.81)是一个 N 个未知数 N 个方程的非线性方程组，对于这类方程的求解，本文首先对每条裂缝赋值一个初始产气量 $1000m^3/d$，然后通过牛顿迭代求解，通过控制求解精度最终得到每条裂缝的产气量，具体求解步骤如图 4-9 所示。

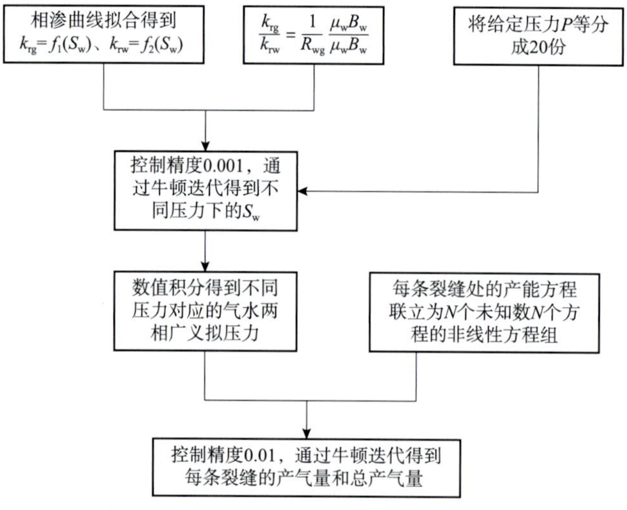

图 4-9　产能方程求解流程图

对比三口水平井三种产能计算的无阻流量，两相流计算模型计算结果与修正等时试井接近，证明了针对测试时间较短气井，两相流计算结果可靠，适用于测试时间较短气井产能的校正(表 4-4)。

表 4-4 一点法、修正等时试井和两相流模型计算产能对比表

井名	测试时间/d	气厚/m	压裂段数	水气比/(m^3/万 m^3)	井底流压/MPa	产气量/(万 m^3/d)	修正等时试井无阻/(万 m^3/d)	一点法无阻/(万 m^3/d)	两相流模型无阻/(万 m^3/d)
J58P4H	8	20	9	6.12	24.6	4.7	16.1	21.6	18.2
J58P5H	9	8	8	3.6	25.2	4.3	22.94	31.0	22.1
J58P13H	21	4	9	2.5	23.2	5.0	14.29	20.4	16.7

4.4 致密气藏压裂直井产能评价方法

东胜气田在以往的开发中，普遍采用一点法作为直井无阻流量的标准计算方法。在对压裂直井渗流特征研究的基础上，提出了直井分区产能计算方法，并建立了相应的产能计算模型。

1. 模型假设条件

直井压裂改造后，改造区内外储层物性和流体渗流特征差异巨大，常规产能计算模型不能准确表征储层真实流动状态，需要针对压裂改造区和原始储层区分别建立流动模型，并进行两个区域的压力和流量耦合，进而得到压裂直井的更准确的产能评价模型(图 4-10)。

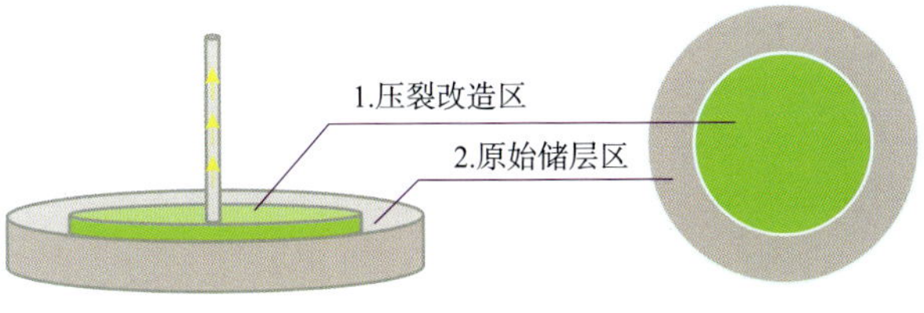

图 4-10 压裂直井分区产能示意图

在致密气藏压裂气井致密渗流特征研究基础上，基于气体渗流理论，分区建立了致密渗流条件下的致密气藏水平井分区产能模型。

模型假设条件：

(1)气藏为均质无限大地层，气井位于气藏中央，投产方式为压裂投产。

(2)气藏流体为可压缩气体的单相渗流。

(3)忽略重力和毛管力的影响。

2. 压裂改造区内

对于压裂改造区，由于改造区内裂缝发育，流体在裂缝内存在高速非达西流动，同时由于裂缝的存在，储层的应力敏感性较强，建立考虑高速非达西流和应力敏感的气体渗流方程为：

$$\frac{\mathrm{d}P}{\mathrm{d}r}=\frac{\mu v}{K}+\beta\rho v^2 \tag{4-47}$$

式中：μ 为气体黏度，mPa·s；v 为渗流速度，m/s；K 为应力敏感渗透率，μm^2；ρ 为气相密度，kg/m^3；β 为紊流速度系数，1/m；

式(4-47)中，渗流速度 v 表示为：

$$v=\frac{q}{2\pi rh} \tag{4-48}$$

式中：q 为产气量，$10^4m^3/d$；r 为流动半径，m；h 为储层厚度，m。

应力敏感渗透率 K 表示为：

$$K=K_0\cdot e^{-\alpha_0(P_e-P)} \tag{4-49}$$

式中：K_0为原始条件下的压裂改造区渗透率，μm^2；α_0 为改造区渗透率应力敏感系数，MPa^{-1}；P_e 为原始地层压力，MPa；P 为目前地层压力，MPa。

式(4-47)中，气相密度 ρ 表示为：

$$\rho=\frac{P\gamma_g M}{ZRT} \tag{4-50}$$

式中：γ_g为气体相对密度；M 为天然气相对分子质量，kg/kmol；Z 为天然气偏差因子；R 为通用气体常数，$R=0.0083145MPa\cdot m^3/(kmol\cdot K)$。

式(4-50)中，紊流速度系数 β 表示为：

$$\beta=\frac{1.15\times10^9}{K\Phi} \tag{4-51}$$

式中：Φ 为改造区储层孔隙度。

将式(4-48)~式(4-51)代入式(4-47)中，最终得到压裂改造区的气体渗流方程为：

$$\frac{\mathrm{d}P}{\mathrm{d}r}=\frac{1}{e^{-\alpha_1(P_e-P)}}\left[\frac{\mu q}{2\pi hK_0}\cdot\frac{1}{r}+\frac{1.15\times10^9}{K_{0\phi}}\cdot\frac{P\gamma_g M}{ZRT}\cdot\left(\frac{q}{2\pi h}\right)^2\cdot\frac{P}{r^2}\right] \tag{4-52}$$

压裂改造区渗流内边界条件为：

$$P\big|_{r=r_w}=P_{wf} \tag{4-53}$$

式中：r_w为有效井径，m。

压裂改造区渗流外边界条件为：

$$P\big|_{r=r_1}=P_1 \tag{4-54}$$

式中：r_1为改造区半径，m。

最终压裂改造区渗流模型如下：

$$
\begin{cases}
\dfrac{\mathrm{d}P}{\mathrm{d}r}=\dfrac{1}{\mathrm{e}^{-\alpha_1(P_e-P)}}\left[\dfrac{\mu q}{2\pi hK_0}\cdot\dfrac{1}{r}+\dfrac{1.15\times10^9}{K_0\Phi}\cdot\dfrac{P\gamma_g M}{ZRT}\cdot\left(\dfrac{q}{2\pi h}\right)^2\cdot\dfrac{P}{r^2}\right]\\
P|_{r=r_w}=P_{wf}\\
P|_{r=r_1}=P_1
\end{cases}
\tag{4-55}
$$

3. 压裂改造区外

对于原始储层区，由于原始储层区内储层致密，流体流动能力差，不存在高速非达西流动，而致密储层也存在一定的应力敏感性，同时，由于储层孔喉狭小，储层毛管压力大，在致密储层区流体的启动压力梯度特性和气相滑脱效应也不能忽略，建立综合考虑应力敏感、启动压力梯度和气相滑脱的气体渗流方程为：

$$\frac{\mathrm{d}P}{\mathrm{d}r}-G=\frac{\mu v}{K} \tag{4-56}$$

式中：G 为动态启动压力梯度，MPa/m。

同时考虑应力敏感和气相滑脱的储层渗透率可以表示为：

$$K=K_1\cdot\left(1+\frac{b}{P}\right)\cdot\mathrm{e}^{-\alpha_1(P_e-P)} \tag{4-57}$$

式中：K_1 为原始条件下的原始储层区区渗透率，μm^2；α_1 为原始储层区渗透率应力敏感系数，MPa^{-1}；b 为滑脱因子，MPa。

将 $G=G_0-\lambda P$ 和式(4-57)代入式(4-56)中，得到原始储层区的气体渗流方程为：

$$\frac{\mathrm{d}P}{\mathrm{d}r}=G_0-\lambda P+\frac{q\mu}{2\pi hK_0}\cdot\frac{1}{r}\cdot\frac{1}{\left(1+\dfrac{b}{P}\right)\cdot\mathrm{e}^{-\alpha_1(P_e-P)}} \tag{4-58}$$

压裂改造区外渗流内边界条件为：

$$P|_{r=r_1}=P_1 \tag{4-59}$$

压裂改造区外渗流外边界条件为：

$$P|_{r=r_e}=P_e \tag{4-60}$$

式中：r_e 为气井控制半径，m。

得到压裂改造区外渗流模型如下：

$$
\begin{cases}
\dfrac{\mathrm{d}P}{\mathrm{d}r}=G_0-\lambda P+\dfrac{q\mu}{2\pi hK_0}\cdot\dfrac{1}{r}\cdot\dfrac{1}{\left(1+\dfrac{b}{P}\right)\cdot\mathrm{e}^{-\alpha_1(P_e-P)}}\\
P|_{r=r_1}=P_1\\
P|_{r=r_e}=P_e
\end{cases}
\tag{4-61}
$$

4. 综合模型

将压裂改造区和原始储层区的渗流方程联立，得到整个压裂气井的产能计算模型，具体如下：

$$\begin{cases} \dfrac{\mathrm{d}P}{\mathrm{d}r}=\dfrac{1}{e^{-\alpha_1(P_e-P)}}\left[\dfrac{\mu q}{2\pi hK_0}\cdot\dfrac{1}{r}+\dfrac{1.15\times10^9}{K_0\Phi}\cdot\dfrac{P\gamma_g M}{ZRT}\cdot\left(\dfrac{q}{2\pi h}\right)^2\cdot\dfrac{P}{r^2}\right] \\ \dfrac{\mathrm{d}P}{\mathrm{d}r}=G_0-\lambda P+\dfrac{q\mu}{2\pi hK_0}\cdot\dfrac{1}{\mathrm{r}}\cdot\dfrac{1}{\left(1+\dfrac{b}{P}\right)\cdot e^{-\alpha_1(P_e-P)}} \\ P\big|_{r=r_1}=P_1 \end{cases} \tag{4-62}$$

压裂改造区和原始储层区在改造区边界，即 $r=r_1$处，压力相等。

针对具体单井开展计算时，对于压裂直井，压裂改造区半径 r_1 等于直井压裂缝半长，气井控制半径 r_e 等于单井控制半径。

以东胜气田实际 3 口直井为例，采用本项目建立的新的直井产能模型对气井的产能进行了计算，并和气井的实际生产效果相对比，结果证明，和一点法相比，直井分区产能计算方法得到的结果更加符合气井生产实际，产能计算精度提高 15%以上(表 4-5)。

表 4-5　一点法和分区产能计算方法计算直井产能对比表

井名	层位	砂厚/m	气厚/m	井底流压/MPa	产气量/(万 m^3/d)	一点法无阻/(万 m^3/d)	分区产能模型无阻/(万 m^3/d)
锦 95	盒 3	18.5	10.5	4.42	0.95	0.98	2.14
锦 98	盒 1	2.5	2.5	4.378	2.5	2.56	3.48
锦 86	盒 1+盒 3	39.1	15.5	19.98	4.85	9.22	9.95

4.5　气井产能影响因素分析

气井产能大小受有效厚度、渗透率、应力敏感等储层物性参数以及水平段长度、压裂段数、裂缝长度等井参数综合影响。因东胜气田目前气井主要为压裂水平井，故本次的研究则主要针对压裂水平井产能对各因素敏感性进行分析，通过前文中建立的水平井产能计算模型，分析了不同因素对含水致密气井产能的影响。

1. 有效厚度

以水平井中心为坐标原点，设置泄气边界半长 r_e 为 500m，裂缝半长 X_f 为 150m，裂缝导流能力为 20D · cm，分别设置气藏有效厚度 h 为 6m、9m、12m、15m、18m，并设置不同的井底流压，通过计算得到不同气藏有效厚度所对应的流入动态 IPR 曲线如图 4-11 所示。

从图中可以看到：随着气藏有效厚度的增加，压裂水平井产能和无阻流量逐渐增加，但增加的幅度在逐渐减小，这是由于气藏厚度的增加虽然增加了压裂控制区的储量，但同时也增加了裂缝内部的渗流阻力。

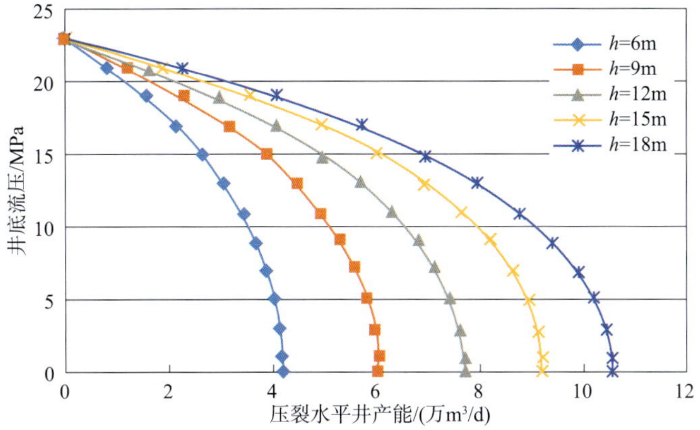

图 4-11　不同气藏厚度所对应的流入动态 IPR 曲线

2. 储层渗透率

以水平井中心为坐标原点，设置泄气边界半长 r_e 为 500m，裂缝半长 X_f为 150m，裂缝导流能力为 20D · cm，有效厚度 h 为 9m，分别设置气藏渗透率 K 为 $0.1\times10^{-3}\mu m^2$、$0.3\times10^{-3}\mu m^2$、$0.5\times10^{-3}\mu m^2$、$0.7\times10^{-3}\mu m^2$、$0.9\times10^{-3}\mu m^2$、$1.1\times10^{-3}\mu m^2$、$1.3\times10^{-3}\mu m^2$，并设置不同的井底流压，通过计算得到不同气藏渗透率所对应的流入动态 IPR 曲线如图 4-12 所示。

从图中可以看到：随着储层渗透率的减小，压裂水平井产能和无阻流量减小速度明显增加，这是由于渗透率的降低会增加应力敏感程度和两相渗流阻力。

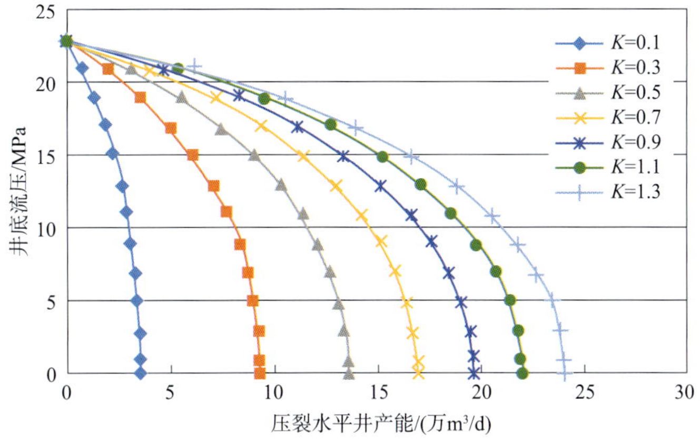

图 4-12　不同储层渗透率所对应的流入动态 IPR 曲线

3. 应力敏感

以水平井中心为坐标原点，设置泄气边界半长 r_e 为 500m，裂缝半长 X_f 为 150m，裂缝导流能力为 20D · cm，有效厚度 h 为 9m，储层渗透率 K 为 $0.18\times10^{-3}\mu m^2$，分别设置气藏应力敏感指数为 0.1、0.2、0.3、0.4、0.5、0.6、0.7、0.8、0.9，并设置不同的井底流压，通过计算得到不同气藏应力敏感指数所对应的流入动态 IPR 曲线如图 4-13 所示。

从图中可以看到：随着气藏应力敏感指数的增加，压裂水平井产能和无阻流量逐渐减小，应力敏感指数越大，IPR 曲线开始偏离直线部分的时间越早，且偏离程度也越大。

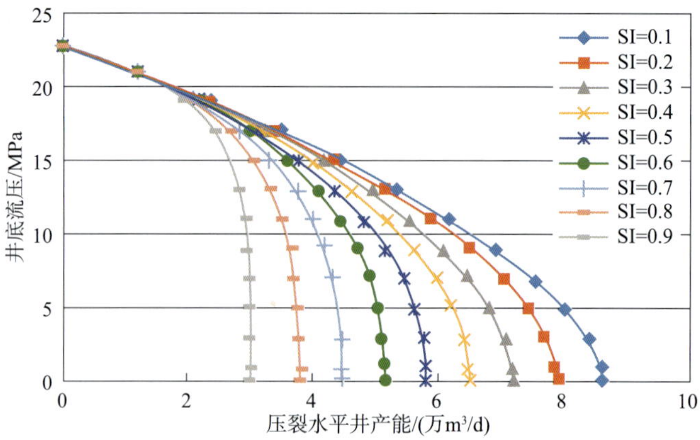

图 4-13　不同应力敏感指数所对应的流入动态 IPR 曲线

4. 气藏泄气边界

随着气井生产时间的增加，气井所控制的泄气边界将逐渐扩大，而在生产初期的定产降压阶段，气藏泄气边界的变化必然会引起气井无阻流量以及井底流压发生变化。因此为了研究气藏泄气边界对压裂水平井产能的影响，以东胜气田平均物性参数为基础，设计水平井长度 L 为 1000m，裂缝条数 N 为 9 条，裂缝半长 X_f 为 150m，水气比为 0.0001，来研究不同泄气边界对压裂水平井产能的影响。

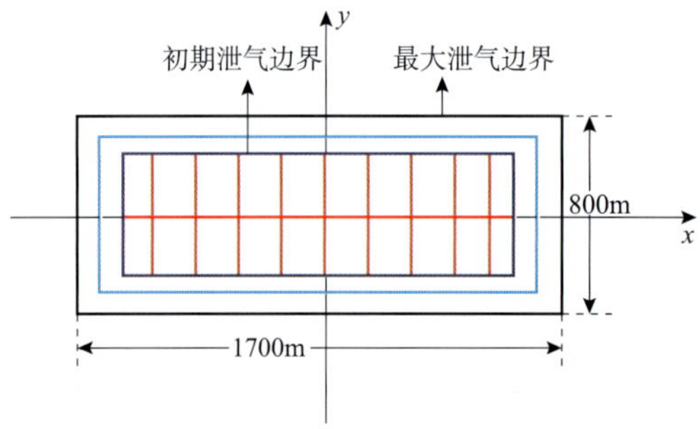

图 4-14　压裂水平井泄气半径示意图

对于射孔压裂的气井，水平井井筒不产气，因此在气井生产的初期，可以认为气井的泄气边界为以水平井井筒长度 L 为长边和以水力裂缝的宽度 $2X_f$ 为短边的矩形区域，而借鉴气田类似储层的布井原则，井距一般取 800m，排距取 700m，随着生产时间的增加，矩形区域等距离逐渐向外扩张如图 4-14 所示。

以水平井中心为坐标原点，分别设置泄气边界半长 r_e 为 500m、550m、600m、650m、700m、750m、800m、850m，并设置不同的井底流压，通过 Matlab 编程计算得到不同泄气边界所对应的流入动态 IPR 曲线如图 4-15 和图 4-16 所示。

从图中可以看到：①随着泄气边界的增加，压裂水平井的无阻流量逐渐减小，且初期减小速度明显大于后期的减小速度(图 4-15)。这是由于生产初期压裂水平井所控制的泄气区域以压裂改造区为主，随着生产时间的进行，泄气边界逐渐外扩，压裂改造区的产量贡献也逐渐减小；②泄气边界小于 $L/2$ 时无阻流量几乎线性递减，大于 $L/2$ 之后无阻递减速度明显降低(图 4-16)。也就是说，试气阶段进行无阻流量预测时应保证足够的试气时间，以使泄气边界至少达到 $L/2$，否则将造成无阻流量结果偏大。

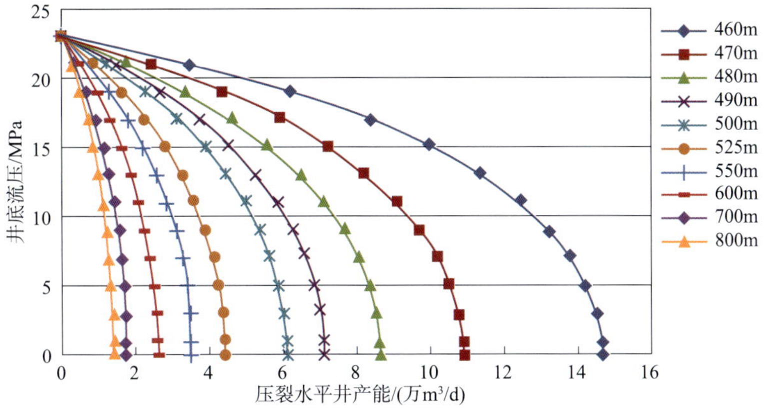

图 4-15　不同泄气边界所对应的流入动态 IPR 曲线

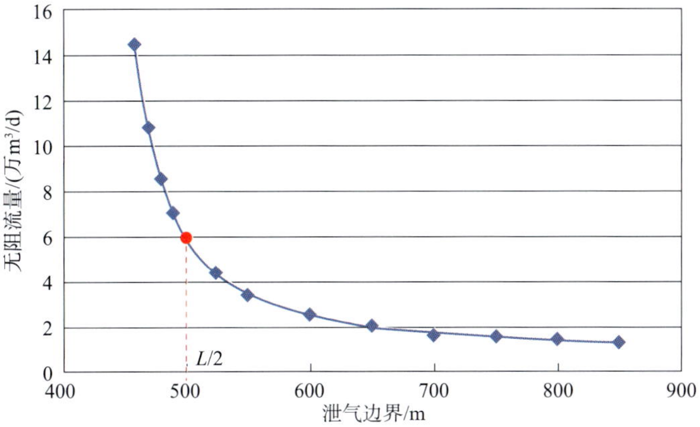

图 4-16　无阻流量随泄气边界变化规律

5. 裂缝半长

以水平井中心为坐标原点，设置泄气边界半长 r_e 为 500m，分别设置裂缝半长 X_f 为 50m、70 m、、90 m、110 m、130 m、150 m、170 m，并设置不同的井底流压，通过计算得到不同裂缝半长所对应的流入动态 IPR 曲线如图 4-17 所示。

从图中可以看到：随着裂缝半长的增加，压裂水平井产能和无阻流量逐渐增加，但增加的幅度在逐渐减小，这是由于裂缝半长的增加在扩大压裂改造区的同时也增加了裂缝内部的渗流阻力。

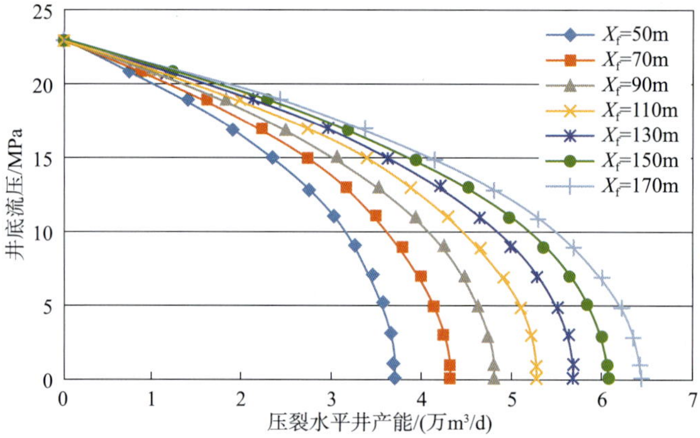

图 4-17　不同裂缝半长所对应的流入动态 IPR 曲线

6. 裂缝条数

以水平井中心为坐标原点，设置泄气边界半长 r_e 为 500m，裂缝半长 X_f 为 150m，分别设置裂缝条数 N 为 3、4、5、6、7、8、9、10、11，对应裂缝间距分别为 333m、250m、200m、167m、143m、125m、111m、100m、91m，并设置不同的井底流压，通过计算得到不同裂缝条数所对应的流入动态 IPR 曲线如图 4-18 所示。

从图中可以看到：随着裂缝条数的增加，压裂水平井产能和无阻流量逐渐增加，但增加的幅度在逐渐减小，这是由于裂缝条数的增加在扩大压裂改造区的同时也增加了裂缝间的相互干扰程度。

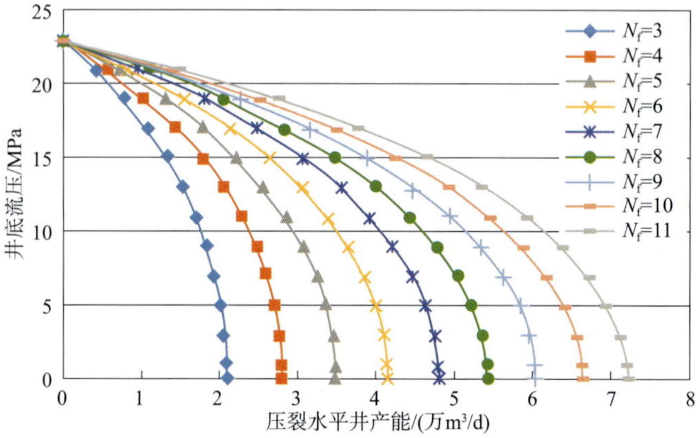

图 4-18　不同裂缝条数所对应的流入动态 IPR 曲线

7. 裂缝导流能力

以水平井中心为坐标原点，设置泄气边界半长 r_e 为 500m，裂缝半长 X_f 为 150m，裂缝条数 N 为 9，分别设置裂缝导流能力为 1D · cm、5D · cm、10D · cm、15D · cm、20D · cm、25D · cm、30D · cm、35D · cm、40D · cm，并设置不同的井底流压，通过计算得到

不同裂缝导流能力所对应的流入动态 IPR 曲线如图 4-19 所示。

从图中可以看到：随着裂缝导流能力的增加，压裂水平井产能和无阻流量迅速增加，但当导流能力增大到 20D · cm 之后，导流能力的增加对产能和无阻的影响已经非常有限。

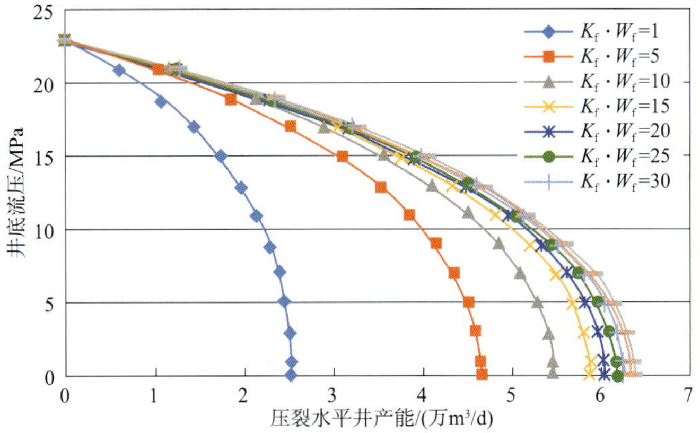

图 4-19　不同裂缝导流能力所对应的流入动态 IPR 曲线

基于产能评价计算得到的单井无阻流量结果，统计了东胜气田不同产能级别气井的储层物性参数、水平段参数，分析了无阻流量的主要影响因素（表 4-6）。从统计结果来看，水平井压裂段数、储层有效厚度、水平段平均渗透率与无阻流量均呈现出一定程度的正相关性。

表 4-6　东胜气田水平井无阻流量影响因素分类统计表

无阻流量分级	水平井参数		储层物性	
	平均水平段长度/m	平均压裂段数	平均有效厚度/m	水平段平均渗透率/$10^{-3}\mu m^2$
<3	941	7.2	9.3	1.00
3~20	1041	7.7	9.4	1.04
>20	1032	8.5	9.6	1.08

5 致密含水气藏气井合理配产

气井产量过大或者过小都会降低开发效益，致密气藏气井合理配产是实现气藏稳产和提高采出程度的关键。结合气井产能分析结果，建立致密气藏气井无阻流量预测方法，制定研究区配产方案，最后综合各方面因素确定研究区合理产量，为研究区气藏稳产提供依据。

5.1 不同类型气藏生产动态特征

气井动态分析是气田开发管理的核心，它贯穿于气田开发的始终。只有掌握了气井、气藏的开采动态变化规律，不断深入地认识气藏特性和开发规律特征，才能编制并优选出最佳开发方案和切合实际的生产规划，才能实现高效合理的开发，取得最佳经济效益。利用气田或区内已有的水平井试采、生产等动态资料，在产能评价的基础上，分析研究水平井的生产动态特征，重点研究水平井的合理配产，为开发技术政策制定提供依据。

东胜气田位于盆地北缘，构造、气水关系复杂。通过研究分析，该区共发育三大类不同类型气藏(表 5-1)。锦 58 井区主要发育地层-岩性气藏、岩性气藏以及构造-岩性气藏。

表 5-1 锦 58 井区气藏类型分类表

<table>
<tr><th colspan="2">气藏类型</th><th>典型剖面</th><th>工区分布
(典型井)</th><th>主要层位</th><th>主要特征</th><th>开发难点</th></tr>
<tr><td colspan="2" rowspan="2">地层-岩性
气藏</td><td rowspan="2">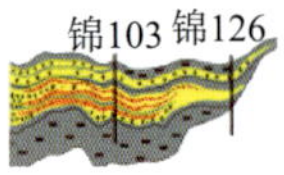
</td><td>锦 58 井区
(锦 103、锦 126)</td><td>盒 1、盒 3</td><td rowspan="2">地层尖灭+岩性封闭遮挡</td><td rowspan="2">上倾方向地层逐渐减薄直至尖灭，储层预测精度要求高</td></tr>
<tr><td>蒋家梁
(锦 31、锦 139)</td><td>盒 1、盒 3</td></tr>
<tr><td colspan="2" rowspan="2">岩性气藏</td><td rowspan="2">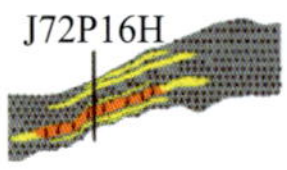
</td><td>锦 72 井区 6 号河道
锦 58 井区南部河道</td><td>盒 1、盒 3</td><td rowspan="2">岩性、物性封闭遮挡，非均质性强</td><td rowspan="2">储层非均质性强，含气性预测难度大</td></tr>
<tr><td>新召东
(锦 30)</td><td>盒 1、山 2</td></tr>
<tr><td>构造、
岩性
复合
气藏</td><td>构造-裂缝
气藏</td><td>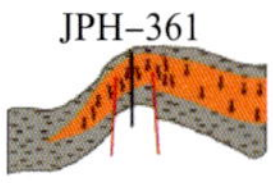
</td><td>锦 58 井区西北部断裂及乌兰吉林断裂两侧
(JPH-361)</td><td>盒 1、盒 3</td><td>岩性封闭遮挡，储层内部不同程度发育裂缝</td><td>裂缝识别、预测难度大，储层非均质性强，压裂易沟通上、下部水层</td></tr>
</table>

按照不同层位和不同气藏类型，统计各个气藏的生产状况，其中地层-岩性盒1气藏完成试气井98口，具备投产能力气井97口，目前开井89口，平均无阻12.2万m^3/d，平均单井日产气2.6万m^3，单井日产液6.8m^3，液气比2.6m^3/万m^3。地层-岩性盒2+3气藏完成试气井25口，具备投产能力气井23口，目前开井21口，平均无阻6.6万m^3/d，平均单井日产气1.6万m^3，单井日产液2.6m^3，液气比1.6m^3/万m^3。岩性盒1气藏完成试气井22口，具备投产能力气井21口，目前开井21口，平均无阻9.0万m^3/d，平均单井日产气2.4万m^3，单井日产液8.5m^3，液气比3.5m^3/万m^3。岩性盒2+3气藏完成试气井12口，具备投产能力气井12口，目前开井11口，平均无阻16.7万m^3/d，平均单井日产气3万m^3，单井日产液5m^3，液气比1.7m^3/万m^3。构造-岩性气藏完成试气井8口，具备投产能力气井3口，目前无气井生产。

5.1.1 地层-岩性气藏

锦58井区位于北部冲积扇区域，盒1段以地层-岩性气藏为主，地层向北超覆，逐渐减薄尖灭，北部超覆遮挡(图5-1、图5-2)，东部盒1段上倾方向河漫发育，储层物性差，形成有利的封堵(图5-3)。该类气藏主要是冲积扇沉积，分为扇根、扇中和扇端，其中扇中物源充足，沉积砂体在平面上具有较好的连续性(图5-4)。

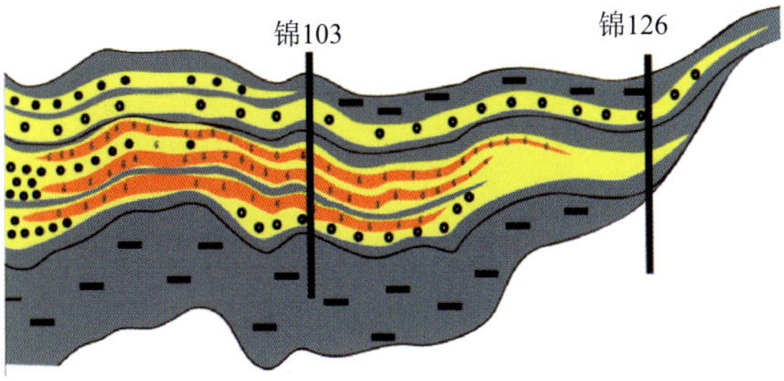

图5-1 岩性地层气藏模式图

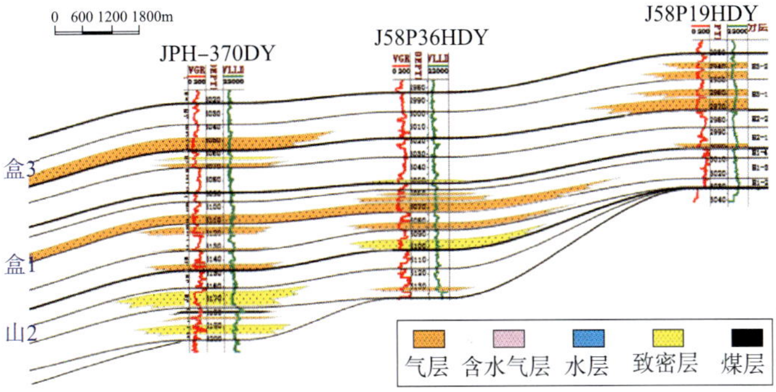

图5-2 岩性地层气藏剖面

图 5-3　锦 58 井区盒 1 砂体展布图

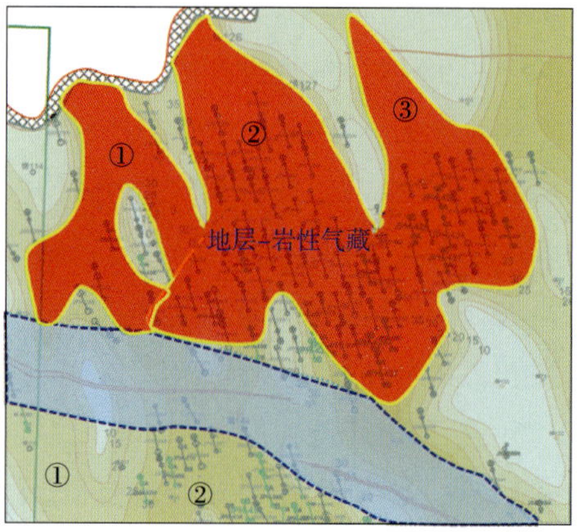

图 5-4　锦 58 井区盒 1 段地层-岩性气藏分布图

5.1.2　构造裂缝气藏

通过气藏地质特征分析，结合测井解释和测试结果分析，锦 58 井区南部乌兰吉林断裂带气藏区太原组-盒 3 段以构造裂缝气藏为主，构造高部位为气层分布有利区，构造低部位含水(图 5-5、图 5-6)，沉积微相主要是辫流水道和心滩。该类气藏具有岩性封闭遮挡，储层内部不同程度发育裂缝的特征。

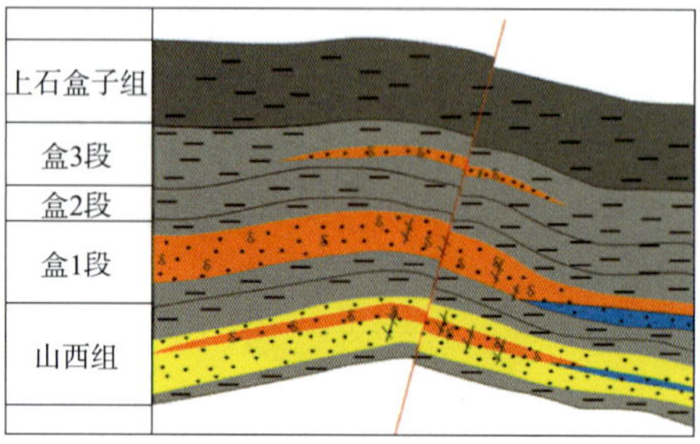

图 5-5　构造裂缝气藏模式图

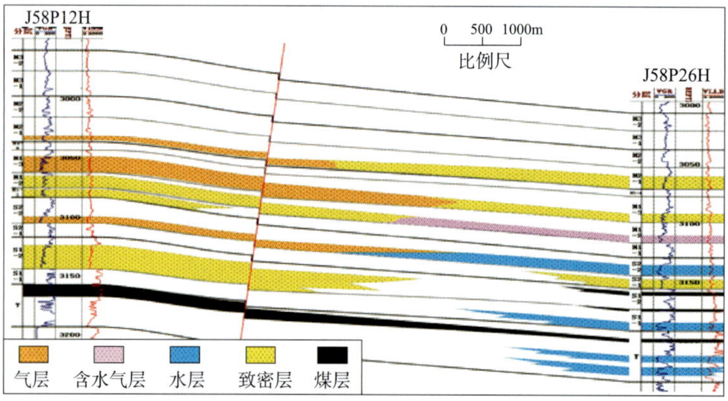

图 5-6　构造裂缝气藏剖面图

乌兰吉林断裂两侧太原组到盒 3 段均有裂缝发育，以垂直缝和高角度缝为主(图 5-7、图 5-8)，其中有 72% 的裂缝未充填和半充填。该类气藏非均值性强，压裂易沟通下部水层。

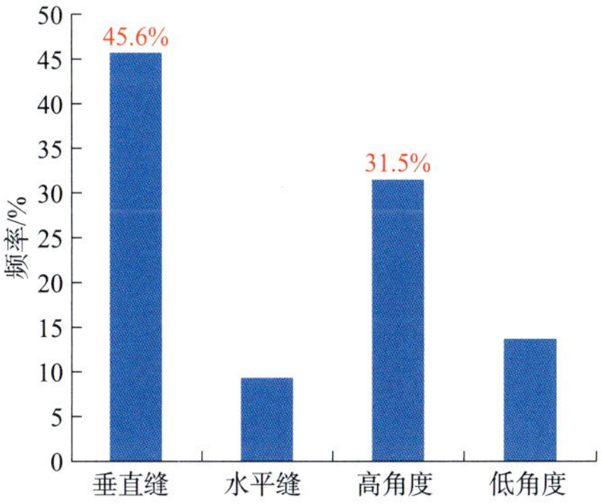

图 5-7　岩心裂缝产状分布图

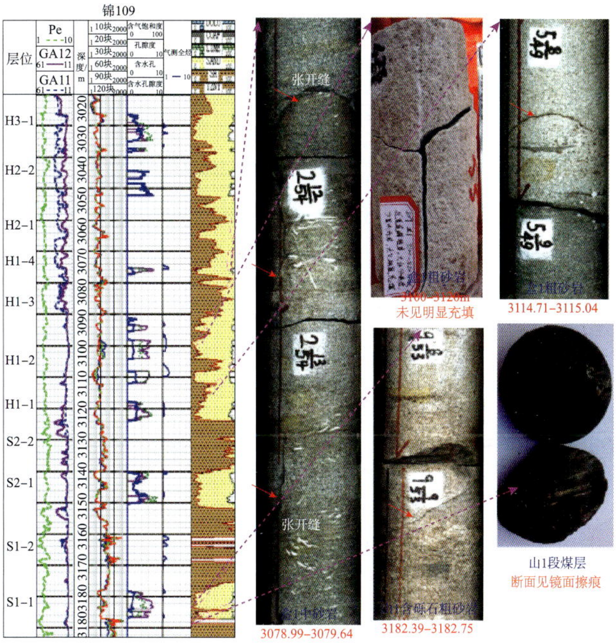

图 5-8　锦 109 井山西组-盒 1 段岩心裂缝显示照片

5.1.3　岩性气藏

锦 58 井区南部辫状河道为岩性气藏，以辫流水道和心滩沉积微相为主，该类气藏具有岩性、物性封闭遮挡，非均质性强的特点(图 5-9~图 5-11)。

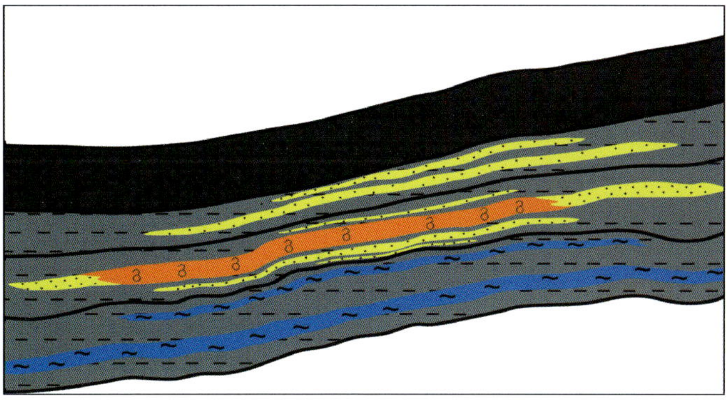

图 5-9　岩性气藏模式图

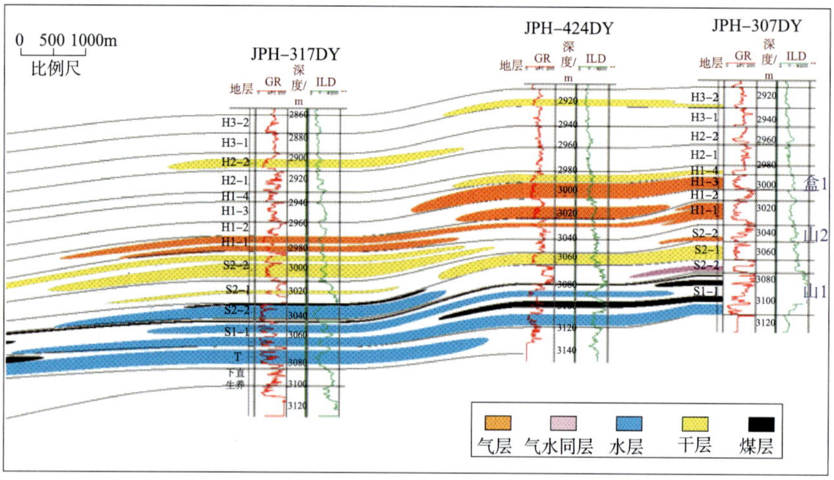

图 5-10　岩性气藏剖面图

5.2　生产动态特征分析

5.2.1　地层-岩性气藏生产动态特征

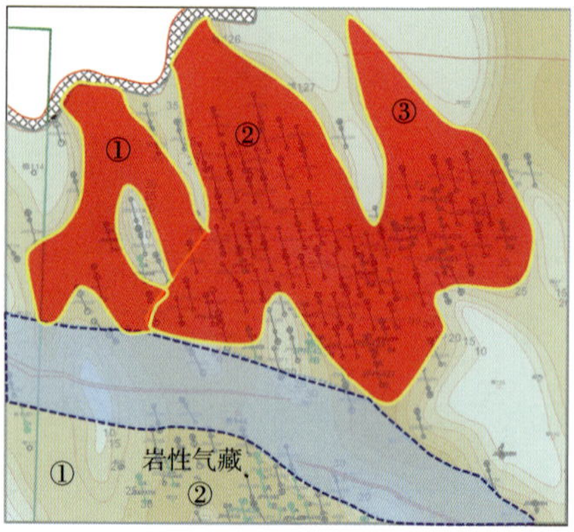

图 5-11　锦 58 井区盒 1 段岩性气藏分布图

地层-岩性气藏位于北部冲积扇区域，根据沉积相、断裂带发育特征，自北向南将锦 58 井区地层-岩性气藏盒 1 段依次划分为“扇根→扇中→扇端”三个不同的生产单元(图 5-12)，盒 2+3 段主要位于冲积扇的西部。扇根区域沉积厚度大，由于距离源岩较远，充注不充分且储集性能相对差，导致部分储层含水；扇中区域河道多期次叠合发育，物性好，气层厚度大，连续性好；扇端区域砂体厚度减薄、沉积物粒度变细，不同期次河道连续性变差。

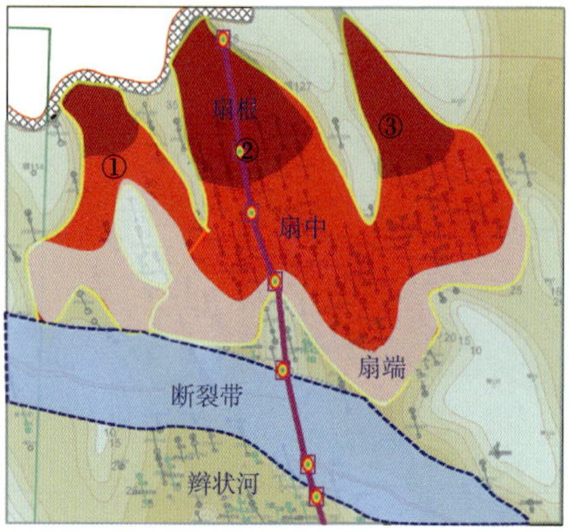

图 5-12　气藏类型分布图

1. 盒 1 段冲积扇扇端

地层-岩性气藏冲积扇扇端投产 19 口，选取生产时间较长，生产稳定的 10 口井归一化(表 5-2、图 5-13)，生产特征主要分为两个阶段。第一阶段是投产 30 天，日产气 3.0 万 m^3，液气比 1.1m^3/万 m^3，压降速率 0.0921MPa/d，单位压降产气量 32.6 万 m^3，表现出产气量下降较快，压降速率大，产液上升的特点；第二阶段是投产 30 天后，产气量下降变缓，产液趋于稳定后缓慢下降，日产气 2.4 万 m^3，液气比 1.4m^3/万 m^3，压降速率 0.0108MPa/d，单位压降产气量 219.4 万 m^3。整体生产特征：第一阶段产气量下降较快，压降速率大，产液上升；第二阶段产气量下降变缓，产液趋于稳定后缓慢下降。

表 5-2　冲积扇扇端 13 口井归一化生产特征

井数/口	无阻流量/(万 m^3/d)	第一阶段(30d)				第二阶段(>30d)			
		单井日产气/万 m^3	液气比/(m^3/万 m^3)	压降速率/(MPa/d)	单位压降产气量/(万 m^3/MPa)	单井日产气/万 m^3	液气比/(m^3/万 m^3)	压降速率/(MPa/d)	单位压降产气量/(万 m^3/MPa)
10	12.8	3.0	1.1	0.0921	32.6	2.37	1.4	0.0108	219.4

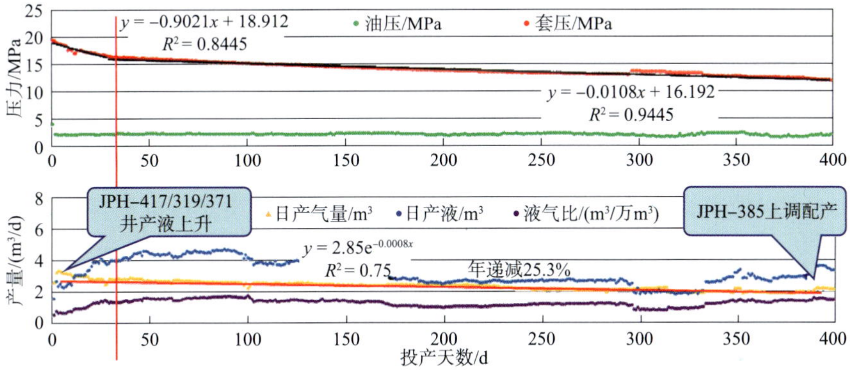

图 5-13　冲积扇扇端 10 口投产井归一化生产曲线

2. 盒 1 段冲积扇扇中

地层-岩性气藏冲积扇扇中投产 60 口，选取生产时间较长，生产稳定的 34 口井归一化(表 5-3、图 5-14)。第一阶段日产气 3.9 万 m^3，液气比 1.0m^3/万 m^3，压降速率 0.0384MPa/d，单位压降产气量 101.6 万 m^3；第二阶段日产气 3.0 万 m^3，液气比 1.2m^3/万 m^3，压降速率 0.0135MPa/d，单位压降产气量 225.2 万 m^3。冲积扇扇中生产特征整体表现为单井日产气量大，产液量相对较为稳定。

表 5-3　冲积扇扇中 34 口井归一化生产特征

井数/口	无阻流量/(万 m^3/d)	第一阶段(30d)				第二阶段(>30d)			
		单井日产气/万 m^3	液气比/(m^3/万 m^3)	压降速率/(MPa/d)	单位压降产气量/(万 m^3/MPa)	单井日产气/万 m^3	液气比/(m^3/万 m^3)	压降速率/(MPa/d)	单位压降产气量/(万 m^3/MPa)
34	15.8	3.9	1.0	0.0384	101.6	3.0	1.2	0.0135	225.2

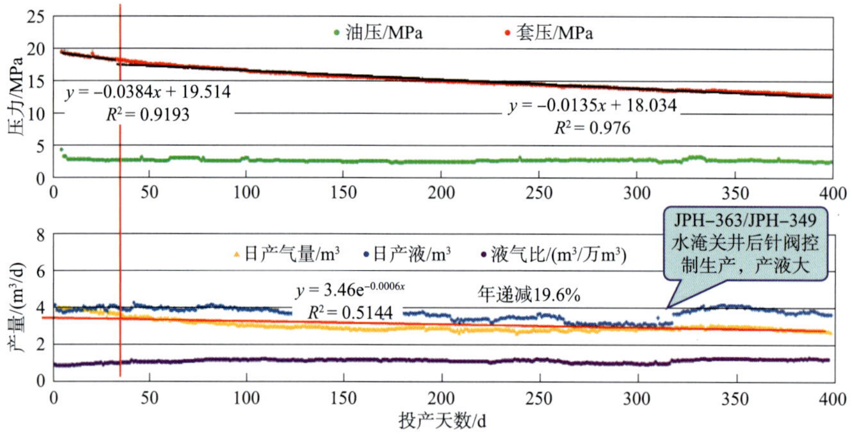

图 5-14　冲积扇扇中 34 口投产井归一化生产曲线

3. 盒 1 段冲积扇扇根

地层-岩性气藏冲积扇扇根投产 18 口，选取生产时间较长，生产稳定的 13 口井归一化(表 5-4、图 5-15)。第一阶段日产气 2.9 万 m^3，液气比 3.7m^3/万 m^3，压降速率 0.0777MPa/d，单位压降产气量 37.3 万 m^3；第二阶段日产气 2.3 万 m^3，液气比 4.1m^3/万 m^3，压降速率 0.0129MPa/d，单位压降产气量 178.3 万 m^3；整体生产特征表现为产气量逐渐下降，递减较大，液气比高，第一阶段压降速率大，产液快速上升，第二阶段压降变缓，产液逐渐下降后趋于稳定。

表 5-4　冲积扇扇根 13 口井归一化生产特征

井数/口	无阻流量/(万 m^3/d)	第一阶段(30d)				第二阶段(>30d)			
		单井日产气/万 m^3	液气比/(m^3/万 m^3)	压降速率/(MPa/d)	单位压降产气量/(万 m^3/MPa)	单井日产气/万 m^3	液气比/(m^3/万 m^3)	压降速率/(MPa/d)	单位压降产气量/(万 m^3/MPa)
13	9.5	2.9	3.7	0.0777	37.3	2.3	4.1	0.0129	178.3

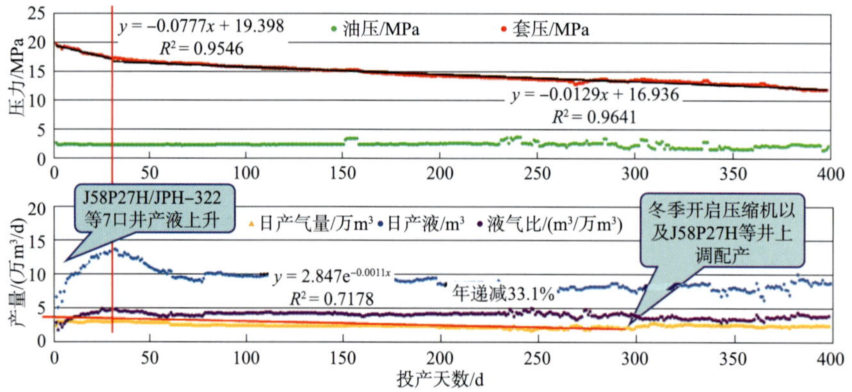

图 5-15　冲积扇扇根 13 口投产井归一化生产曲线

对于冲积扇扇根，在锦58井区二次精细构造解释基础上，结合特殊测井、岩心观察及钻井过程中的漏失统计，共识别出四级断裂42条。JPH-322和JPH-361井位于同一河道，钻遇物性相近，两口井的生产效果差别大。JPH-322井在成像测井中显示有多条裂缝，采用套管固井完井，控制规模压裂，投产初期油压21.5MPa，日产气4.5万m^3，日产液7.6m^3，JPH-361压裂规模较大，沟通水层，投产初期套压8.0MPa，不产气，日产液30m^3。两口井的压裂试采状况见表5-5。

表5-5 JPH-332、JPH-361井压裂及试采数据统计表

序号	井名	实钻层位	水平段长/m	砂岩百分比/%	显示百分比/%	平均全烃/%	无阻流量/(万m^3/d)	压裂段数/段	总液量/m^3	总砂量/m^3	完井方式	试采/生产数据(目前)				
												油压/MPa	套压/MPa	产气量/万m^3	产液量/m^3	压降速率/(MPa/d)
1	JPH-361	盒1-(2+3)	1120	94.38	53.03	12.56	13.51	9	4061	451	预制管柱	4.0	8.0	2.7	111	0.069
2	JPH-322	盒1-(2+3)	1200	97.75	45.33	30.05	10.00	10	3032	323	固井完井	1.1	14.2	3.4	9.9	0.011

因此，天然裂缝发育区，采用固井完井方式，水平井天然裂缝发育段不压裂，其余段减小压裂规模，降低沟通下部水层的风险，提高气井产能。

4. 地层-岩性气藏-盒2+3段

锦58井区地层-岩性气藏盒2+3段，投产井23口，选取生产时间较长，生产稳定的12口井进行归一化分析。第一阶段日产气2.4万m^3，液气比1.8m^3/万m^3，压降速率0.0963MPa/d，单位压降产气量24.9万m^3；第二阶段日产气1.9万m^3，液气比1.5m^3/万m^3，压降速率0.0141MPa/d，单位压降产气量134.8万m^3。整体生产特征表现为产气量缓慢下降后保持稳定，递减率较小，产液量缓慢下降，压降速率较大(表5-6、图5-16)。

表5-6 地层-岩性气藏盒2+3段12口井归一化生产状况

井数/口	无阻流量/(万m^3/d)	第一阶段(30d)				第二阶段(>30d)			
		单井日产气/万m^3	液气比/(m^3/万m^3)	压降速率/(MPa/d)	单位压降产气量/(万m^3/MPa)	单井日产气/万m^3	液气比/(m^3/万m^3)	压降速率/(MPa/d)	单位压降产气量/(万m^3/MPa)
12	7.9	2.4	1.8	0.0963	24.9	1.9	1.5	0.0141	134.8

5.2.2 岩性气藏生产动态特征分析

锦58井区岩性气藏区主要位于南部辫状河道上，该类气藏特点是岩性、物性封闭遮挡，非均质性强。

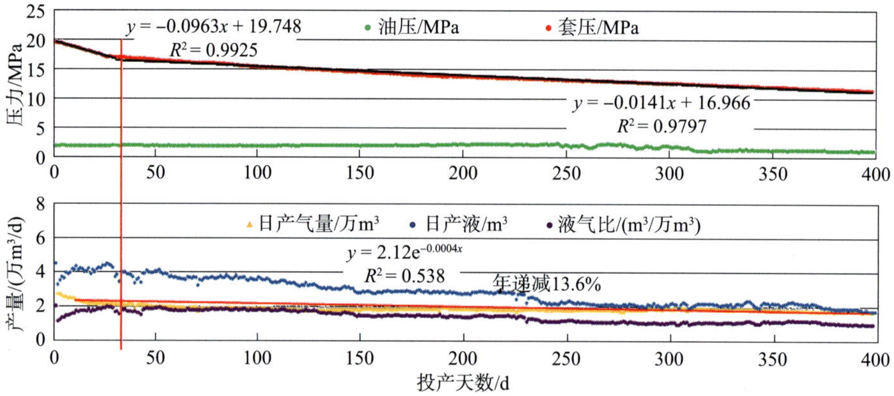

图 5-16　地层-岩性气藏盒 2+3 层 12 口投产井归一化生产曲线

1. 盒 1 岩性气藏

盒 1 岩性气藏辫流水道投产井 19 口，选取生产时间较长，生产稳定的 8 口井进行归一化分析。第一阶段日产气 3.3 万 m^3，液气比 1.9m^3/万 m^3，压降速率 0.0421MPa/d，单位压降产气量 77.9 万 m^3；第二阶段日产气 2.7 万 m^3，液气比 2.0m^3/万 m^3，压降速率 0.0163MPa/d，单位压降产气量 165.6 万 m^3。整体生产特征表现为产气量、产液量逐渐下降趋势，产量递减、压降速率均较大(表 5-7、图 5-17)。

表 5-7　岩性气藏盒 1 段 8 口井归一化生产状况

井数/口	无阻流量/(万 m^3/d)	第一阶段(30d)				第二阶段(>30d)			
		单井日产气/万 m^3	液气比/(m^3/万 m^3)	压降速率/(MPa/d)	单位压降产气量/(万 m^3/MPa)	单井日产气/万 m^3	液气比/(m^3/万 m^3)	压降速率/(MPa/d)	单位压降产气量/(万 m^3/MPa)
8	10.6	3.3	1.9	0.0421	77.9	2.7	2.0	0.0163	165.6

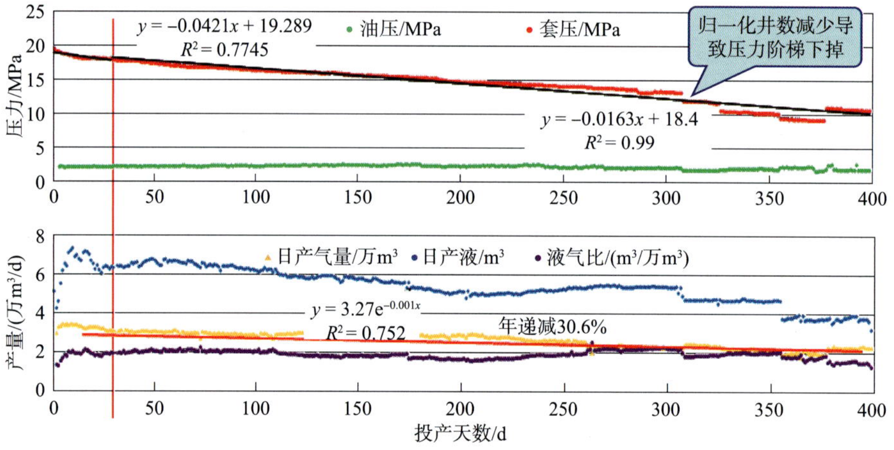

图 5-17　岩性气藏盒 1 段 8 口投产井归一化生产曲线

2. 盒 2+3 岩性气藏

盒 2+3 岩性气藏辫流水道投产 10 口，选取生产时间较长，生产稳定的 6 口井归一化，第一阶段日产气 3.3 万 m^3，液气比 1.3m^3/万 m^3，压降速率 0.0376MPa/d，单位压降产气量 88.8 万 m^3；第二阶段日产气 3.3 万 m^3，液气比 1.4m^3/万 m^3，压降速率 0.0121MPa/d，单位压降产气量 272.7 万 m^3；整体生产特征表现为产气量大且稳定，产液上升后稳定再缓慢下降(表 5-8、图 5-18)。

表 5-8 岩性盒 2+3 气藏 6 口井归一化生产状况

井数/口	无阻流量/(万 m^3/d)	第一阶段(30d)				第二阶段(>30d)			
		单井日产气/万 m^3	液气比/(m^3/万 m^3)	压降速率/(MPa/d)	单位压降产气量/(万 m^3/MPa)	单井日产气/万 m^3	液气比/(m^3/万 m^3)	压降速率/(MPa/d)	单位压降产气量/(万 m^3/MPa)
6	22.8	3.3	1.3	0.0376	88.8	3.3	1.4	0.0121	272.7

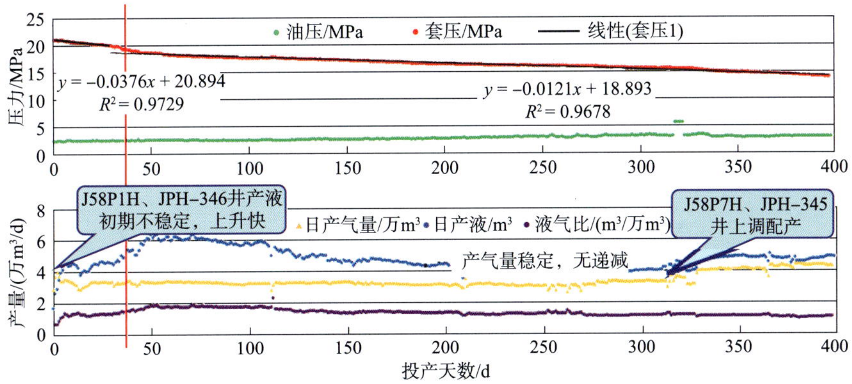

图 5-18 岩性盒 2+3 气藏 6 口投产井归一化生产曲线

JPH-328 井位于断裂南部辫状河盒 2+3 气藏，该区域岩性气藏河道宽，厚度大，叠置心滩发育。JPH-328 井实钻水平段长 1200m，砂岩钻遇率 100%、显示砂岩钻遇率 86%，平均全烃 40.65%，测试无阻流量 31.96 万 m^3/d，钻遇及试气效果较好。投产初期套压 21.5MPa，日产气 3.8 万 m^3，日产液 1.4m^3；目前套压 11.2MPa，日产气 4.3 万 m^3，日产液 6.0m^3，累计产气 10331 万 m^3，压降速率 0.0052MPa/d，气井生产稳定，压降速率较小。运用物质平衡方法计算动态储量 1.92 亿 m^3，动态储量大，分析主要原因是规模压裂，实现有效穿层，沟通了盒 3-1 下部气层，有效气厚达 15.2m。

5.2.3 构造-岩性气藏生产动态特征分析

乌兰吉林断裂两侧以构造-岩性气藏为主，其特点是构造岩性控制，储层内部不同程度发育裂缝。断裂带附近投产井 3 口(J58P17H、JPH-397、J58P10H)，平均无阻流量 1.6

万 m^3/d(图 5-19、表 5-9)，整体特征表现为高产液关井。

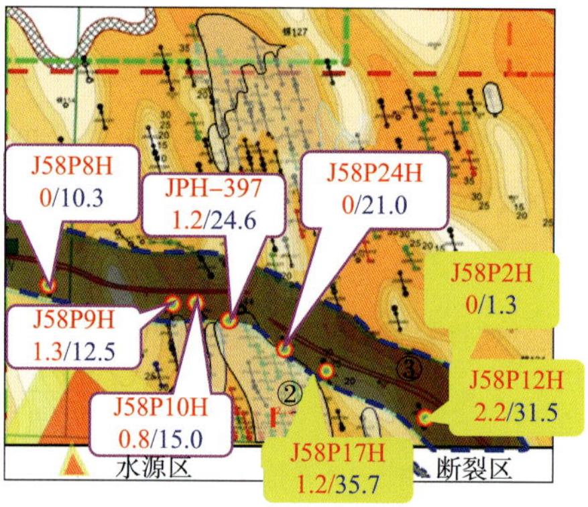

图 5-19　锦 58 井区断裂带附近井位及试气情况

表 5-9　断裂带附近三口井生产状况

井号	无阻流量/(万 m^3/d)	投产初期				生产现状				累产气量/万 m^3	累产液量/m^3
		油压/MPa	套压/MPa	日产气量/万 m^3	日产液量/m^3	油压/MPa	套压/MPa	日产气量/万 m^3	日产液量/m^3		
J58P17H	2.1	2.5	18.7	0.7	41.0	特高产液，无法连续生产，关井				4.3	166
JPH-397	1.5	6.5	12.3	1.4	50	高产液关井				25.6	519
J58P10H	1.1					投产即关井(水淹)					

综上所述，由于锦 58 井区煤层厚度由南向北变薄尖灭，区域构造北东高-南西低，②区盒 1、盒 3 气藏叠置发育，①区高能心滩发育，储集性能好，所以①区高产富集，高产气低产液；②区盒 3 充满，高产富集，盒 1 构造高部位富集，低部位产水；③区源岩薄、运移到的气源少，气水同出(图 5-20)。

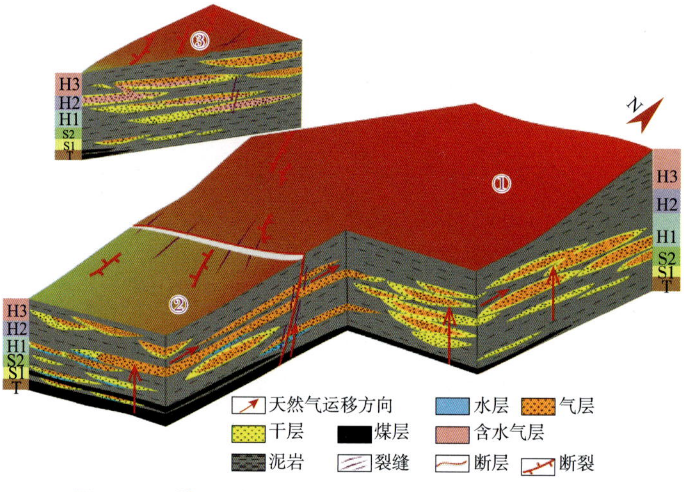

图 5-20　锦 58 井区差异充注与富集高产成因模式图

5.3 动态储量计算

动态储量计算的方法主要有物质平衡法、弹性二相法、产量递减法等(表5-10)。东胜气田属于典型致密低渗气藏，且处于开发的初期，主要采用物质平衡法和油压(套压)递减法综合确定气井(藏)的动态储量。

表5-10 动态储量计算方法统计表

计算方法	使用条件		可靠性
	气藏类型	开发阶段	
物质平衡法	各类气藏	稳产期、递减期	可靠
弹性二相法	小型定容弹性气驱气藏 单井裂缝系统 小断块气藏	上升期	较可靠
产量递减法	各类气藏	递减期	可靠
油压递减法	各类气藏	各时期	可靠
水驱特征曲线法	水驱气藏	递减期	较可靠
数值模拟法	各类气藏	各时期	可靠

三个气藏类型的动态储量(表5-11、图5-21~图5-23)，地层-岩性气藏盒1段平均动态储量4374万m^3，其中动态储量大于4000万m^3的气井占井数的43.6%；地层-岩性气藏盒2+3段平均动态储量2835万m^3，其中动态储量大于4000万m^3的气井占井数的25%；岩性气藏：平均动态储量5722万m^3，其中动态储量大于4000万m^3的气井占井数的57.1%。

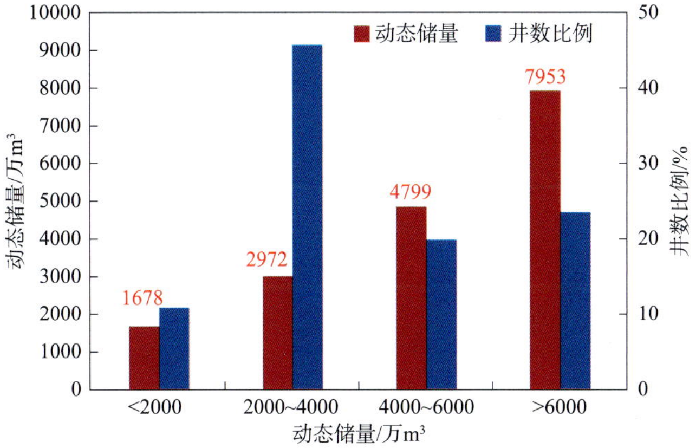

图5-21 地层-岩性气藏盒1水平井动态储量分布

表 5-11　水平井动态储量计算结果统计表

气藏类型	开发单元	井数/口	平均动态储量/万 m^3	单井动态储量分类/万 m^3											
				<2000			2000~4000			4000~6000			>6000		
				井数/口	比例/%	平均动态储量/万 m^3	井数/口	比例/%	平均动态储量/万 m^3	井数/口	比例/%	平均动态储量/万 m^3	井数/口	比例/%	平均动态储量/万 m^3
地层-岩性气藏盒 1	扇根	12	3173	3	25.0	1697	6	50.0	2793	2	16.7	4912	1	8.3	6408
	扇中	33	5039	2	6.1	1658	12	36.4	3104	9	27.3	4774	10	30.3	8276
	扇端	10	3618	1	10.0	1656	7	70.0	2899				2	20.0	7112
地层-岩性气藏盒 2+3		12	2835	6	50.0	1436	3	25.0	2786	2	16.7	5466	1	8.3	6118
岩性气藏	辫状河盒 1 段	8	4175	1	12.5	1592	3	37.5	2640	3	37.5	5352	1	12.5	7829
	辫状河盒 2+3 段	6	7786				2	33.3	2593	1	16.7	5569	3	50.0	11988
小计		81	4273	13	16.0	1408	33	40.7	2872	17	21.0	4993	18	22.2	8478

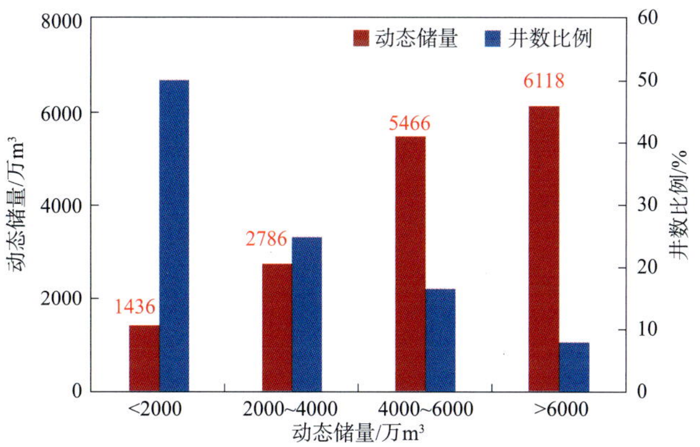

图 5-22 地层-岩性气藏盒 2+3 水平井动态储量分布

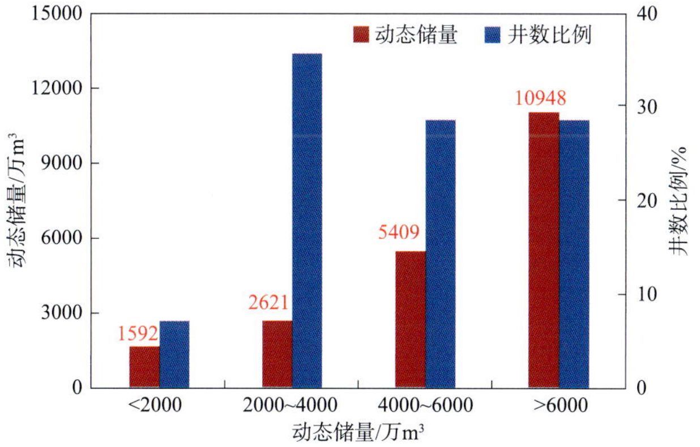

图 5-23 岩性气藏水平井动态储量分布

地层-岩性气藏扇中、岩性气藏盒 2+3 气藏生产效果好，单井产气量高，第一、第二阶段压降速率差异小，平均动态储量均在 5000 万 m^3 以上。其他气藏第一、第二阶段压降速率差异大，生产效果一般，其中岩性地层气藏扇根液气比较大(表 5-12)。

表 5-12 不同气藏类型的生产状况对比

气藏类型	开发单元	第一阶段生产特征				第二阶段生产特征				动态储量/万 m^3	泄气半径/m
		单井日产气/万 m^3	液气比/(m^3/万 m^3)	压降速率/(MPa/d)	单位压降产气量/万 m^3	单井日产气/万 m^3	液气比/(m^3/万 m^3)	压降速率/(MPa/d)	单位压降产气量/万 m^3		
地层-岩性气藏盒 1	扇根(12)	2.9	3.7	0.0777	37.3	2.3	4.1	0.013	141.2	$\frac{1392-6408}{3173}$	$\frac{31.8-262}{89.2}$
	扇中(34)	3.9	1.0	0.0384	101.6	3.0	1.2	0.0135	225.2	$\frac{1456-11508}{5039}$	$\frac{30.8-409.3}{169.2}$
	扇端(10)	3.0	1.1	0.0921	32.6	2.4	1.4	0.0108	219.4	$\frac{2384-6756}{3618}$	$\frac{135.9-392.2}{136.9}$

续表

气藏类型	开发单元	第一阶段生产特征				第二阶段生产特征				动态储量/万 m^3	泄气半径/m
		单井日产气/万 m^3	液气比/（m^3/万 m^3）	压降速率/（MPa/d）	单位压降产气量/万 m^3	单井日产气/万 m^3	液气比/（m^3/万 m^3）	压降速率/（MPa/d）	单位压降产气量/万 m^3		
地层-岩性气藏盒 2+3		2.4	1.8	0.0963	24.9	1.9	1.5	0.0141	134.8	$\frac{682-6118}{2835}$	$\frac{22.8-350.6}{159.8}$
岩性气藏	盒 1（8）	3.3	1.9	0.0421	77.9	2.7	2.0	0.0163	165.6	$\frac{1592-5289}{4175}$	$\frac{33.7-218.8}{110.5}$
	盒 2+3（6）	3.3	1.3	0.0376	88.8	3.3	1.4	0.0121	272.7	$\frac{2325-19200}{7786}$	$\frac{52.5-268.6}{163.9}$

5.4 气井合理配产

5.4.1 理论分析

气井在合理产量条件下生产，不仅可以使气井在较低投入下较长时期稳产，而且可以使气藏能在合理采气速度下获得较高的采收率。目前水平井合理配产的方法很多，如数值模拟、井口压降近似法等。在满足经济极限初产和临界携液流量的基础上，采用数值模拟法及井口压降近似法开展气井合理配产研究。

1. 经济极限分析法

单井经济极限产量是指适应该井地质特征与开发特点，满足开发方案与企业发展的需要，在现有工艺条件下，税后销售收入等于投资成本时的单井产量。经济极限产量应综合气井初产、产量递减、投资成本、运行成本、销售价格等因素计算得出。气井的合理配产必须大于经济极限产量。

分段压裂水平井投资包括钻井和地面建设投资。单井投资 2200 万元（钻井成本 1850 万元+地面成本 350 万元）。在现有气田开发技术和财税体制下，新钻井收益能回收新增投资、采气操作费并获得税前收益率 12%时，最低产量和控制储量分别对应不同的储层厚度、不同水平段长的值。单井经济界限控制储量 1.1 亿 m^3，经济极限初产界限 2.1 万 m^3/d，如图 5-24 所示。

2. 临界携液流量法

在气井生产过程中，气井井筒中的气流能够把液体带出来的最小速度称为气井携液临界流速。如果低于这个速度，气井机会发生积液，从而增加井底回压，降低气井产能。

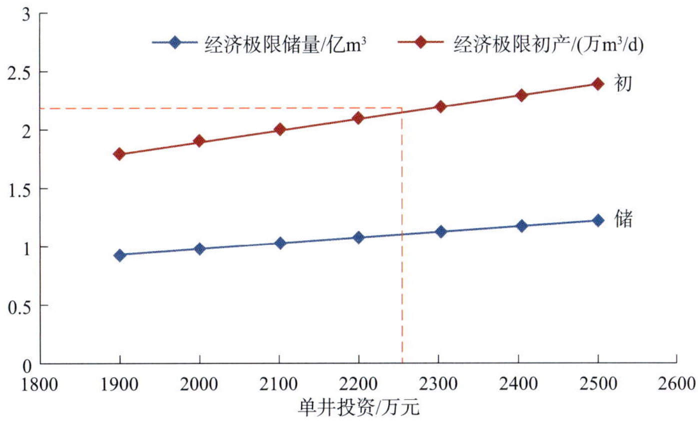

图 5-24 水平井单井产量和储量界限图

气井的合理配产应大于临界携液产量，对于开展泡沫排水的气井，合理产量应大于临界携泡产量。水平井应针对垂直管段、造斜段和水平段分别计算其临界携液/携泡产量，并取三段的最大值作为气井的临界携液及临界携泡产量。

(1)临界携液模型：

$$V_c = 2.25\left[\frac{\sigma(\rho_l - \rho_g)}{\rho_g^2}\right]^{0.25} \tag{5-1}$$

$$Q_{CR} = 2.5\times10^8 \times v_{CR} \times A \times p/Z \times (t + 273.15) \tag{5-2}$$

(2)临界携泡模型：

$$\rho_{泡} = \rho_g \times (1 - f_w) + \rho_l \times f_w \tag{5-3}$$

$$V_{CR} = 2.25 \times \sqrt[4]{\frac{\rho_{泡} - \rho_g}{\rho_g^2}} \tag{5-4}$$

$$Q_{CR} = 2.5\times10^8 \times V_{CR} \times A \times p/Z \times (t + 273.15) \tag{5-5}$$

在理论模型的基础上计算不同油管尺寸和井口压力下的临界携液流量，如图 5-25 所示。通过临界携液流量法，确定临界携液确定最小产量为 1 万 m^3/d。

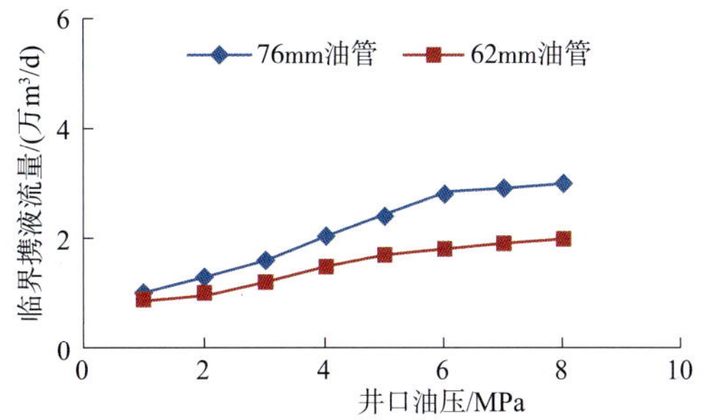

图 5-25 不同尺寸油管井口油压与临界携液流量关系

3. 数值模拟法

利用数值模拟软件，对气井的配产效果通过模拟的生产历史进行检验，根据不同配产下的开发指标选出合理的产量，确定合理配产比例。

JPH-307 井实钻层位盒 1，导眼段砂厚 15.0m、气厚 8.0m。水平段 1200m，砂岩长 1151m，有效含气段 541m，气层钻遇率 45.08%。气井计算无阻流量 14.27 万 m^3/d。气井水平段钻遇情况和测井情况分别见表 5-13、表 5-14。

表 5-13　JPH-307 井水平段钻遇情况统计表

水平段长/m	砂岩		气测显示砂岩		泥岩	
	长度/m	占百分比/%	长度/m	占百分比/%	长度/m	占百分比/%
1200	1151	95.92	541	45.08	49.0	4.08

表 5-14　JPH-307 井水平段钻遇情况统计表

	气层/m	含气层/m	差气层/m	干层/m	小计/m
测井	223.1	240.31	104.11	122.71	690.22
	AC：<210m	AC：210~220m	AC：220~230m	AC：230~240m	AC：>240m
	34.63	118.88	136.25	206.13	195.13

2017 年 4 月 16 日投产，初期油压 4MPa，套压 19MPa，日产气 2.95 万 m^3，日产液 1.31m^3；目前油压 2.4MPa，套压 13.2MPa，日产气 3.61 万 m^3，日产液 3.2m^3，累产气 781 万 m^3，压降速率为 0.0193MPa/d(图 5-26)。

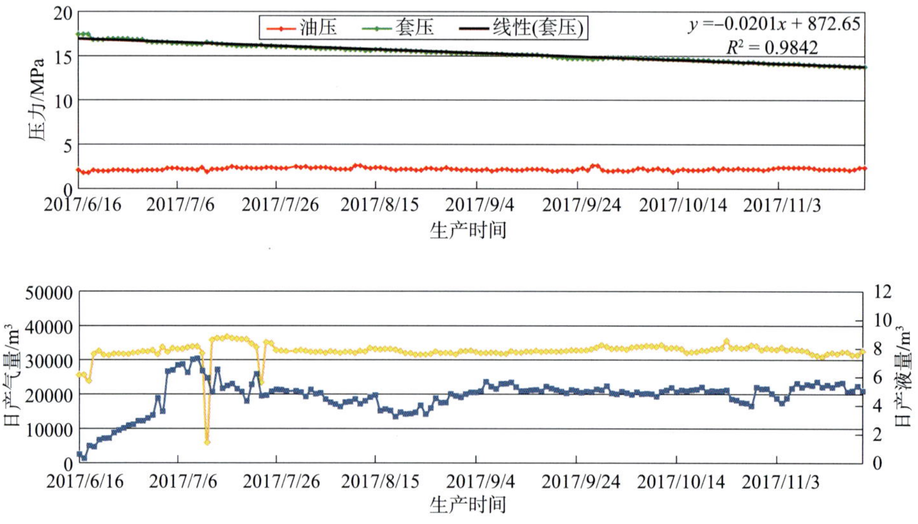

图 5-26　JPH-307 井生产曲线

通过对生产数据的产气量、压力拟合，数值模拟法预测气井合理产量 2.5 万 m^3/d，稳产期 2.2 年(图 5-27~图 5-29)。

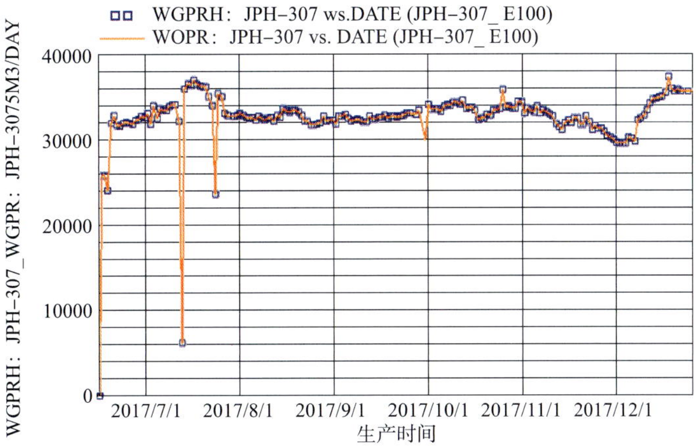

图 5-27　JPH-307 井产量拟合图

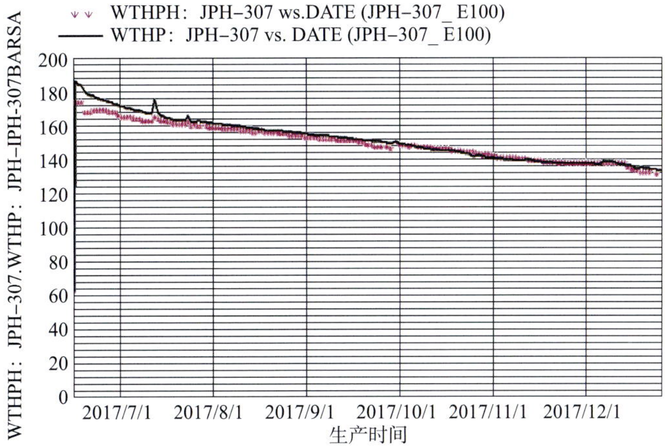

图 5-28　JPH-307 井压力拟合图

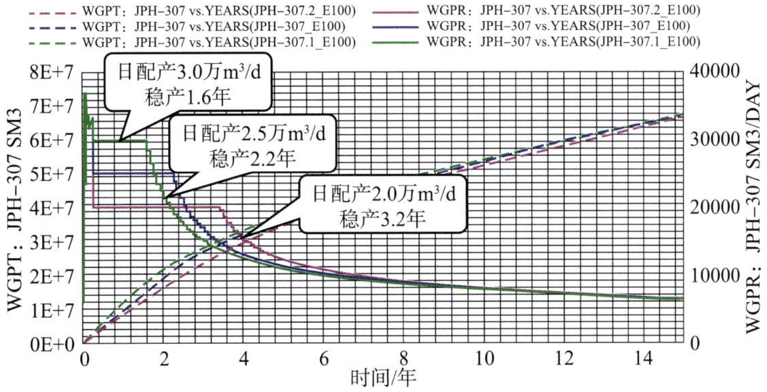

图 5-29　JPH-307 数值模拟预测曲线

通过数值模拟，确定不同无阻流量气井的合理配产比例见表 5-15。

表 5-15　数值模拟法合理配产比例

无阻流量/(万 m^3/d)	<8	8~15	15~25	25~35
合理配产比例	1/3~1/4	1/5~1/6	1/5~1/7	1/6~1/8

4. 井口压降近似法

气井渗流进入拟稳态之后，地层各点的压力降落速度相同，视井口压力与视地层压力变化特征相同，根据这一原理，利用物质平衡方程，推导出气井合理产量与压降速率的关系。

分析确定具有相同地质条件气井的合理压降速率，确定气井的合理产量。

$$\frac{P_{wi}}{Z_i}-\frac{P_{wh}}{Z}\approx\frac{P_i}{Z_i}\frac{G_p}{G} \tag{5-6}$$

$$\beta=\frac{P_{wi}-\frac{Z_i}{Z}P_{wh}}{P_{wi}-P_{wh}} \tag{5-7}$$

$$\beta\left(\frac{P_{wi}-P_{wh}}{t}\right)=\frac{P_i}{G}\frac{G_p}{t} \tag{5-8}$$

$$Q=\beta\frac{d_p}{d_t}\frac{G}{P_i} \tag{5-9}$$

对生产稳定的 65 口井的生产状况分析，确定合理的压降速率，进而确定不同无阻流量气井的合理产量见表 5-16。

表 5-16　井口压降近似法确定合理配产

无阻流量/(万 m^3/d)	配产比例/井数/口				
	1/2~1/4	1/5~1/6	1/6~1/7	1/7~1/8	<1/8
<8	20	3			
8~15	4	13	1	2	
15~25			5	3	1
25~35		1	1	5	2
>35				1	3

在满足经济极限初产和临界携液流量的基础上，综合数值模拟法，井口压降近似法确定气井合理配产见表 5-17。根据不同无阻流量区间，按合理配产比例配产，并根据生产情况动态调整。针对高产液气井，为加强排液可根据实际情况提高配产比例。

表 5-17　四种方法综合确定合理配产

无阻流量/(万 m^3/d)	<8	8~15	15~25	25~35	>35
配产比例	1/2~1/4	1/5~1/6	1/6~1/7	1/7~1/8	<1/8

5.4.2　实例分析

JPH-313 井生产层位盒 1，无阻流量 37.5 万 m^3/d，初期日产气 9.0 万 m^3，日产液 4.0m^3，压力快速下降。

(1)2017.8.6 下调配产，日产气 7 万 m^3，压降速率 0.0144MPa/d。

(2)2018.2.9 下调配产，日产气 5.0 万~6.0 万 m^3，压降速率 0.0091MPa/d，产量较稳定，稳产 1 年，合理配产比例 1/7(图 5-30)。

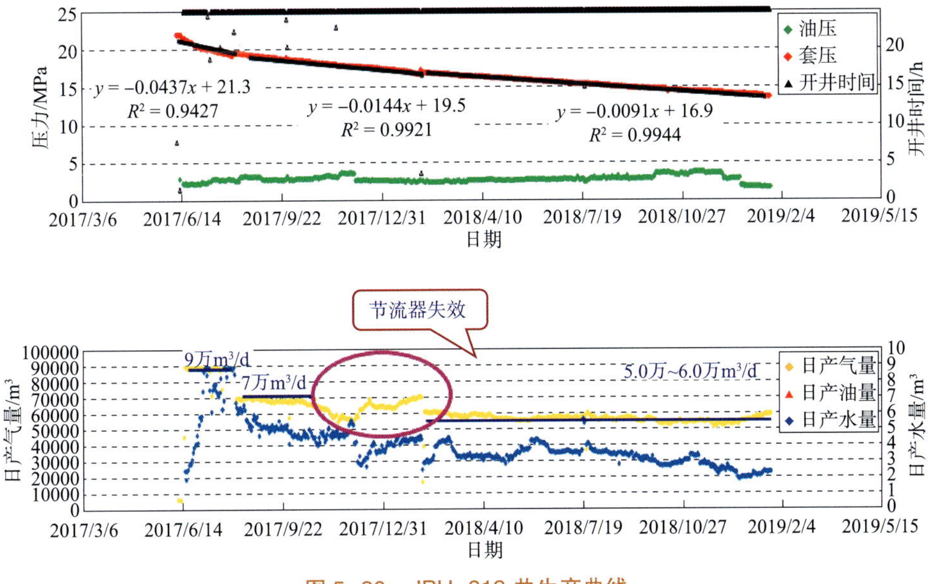

图 5-30　JPH-313 井生产曲线

JPH-315 井生产层位盒 1，修正无阻流量 9.2 万 m^3/d，初期日产气 4.0 万 m^3，日产液 3.0m^3，产量、压力快速下降，日产气 3.5 万 m^3，压降速率 0.0475MPa/d。

(1)2017.10.20 下调配产到 2 万 m^3/d，产量保持稳定，压降速率 0.0083MPa/d，稳定 9 个月。

(2)2018.7.24 上调配产到 2.5 万~3.0 万 m^3/d，压降速率 0.0142MPa/d，合理产量 2.0 万 m^3/d，合理配产比例 1/5(图 5-31)。

5.4.3　实际应用

根据气井合理配产成果，密切跟踪压力变化，2018 年对锦 58 井区 14 口水平井进行提

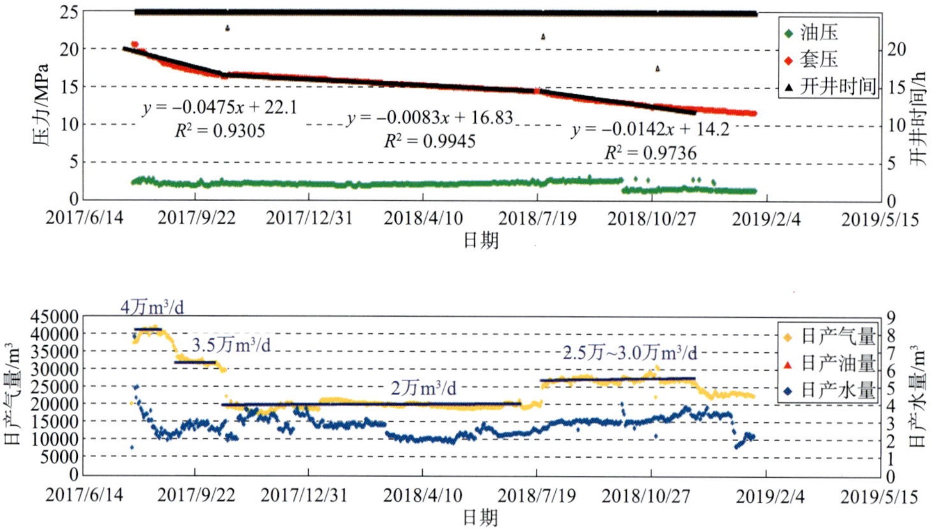

图 5-31　JPH-315 井生产曲线

产，提高单井产能贡献率；对 10 口水平井进行下调产量，减缓压降速率，延长气井生命周期，达到了科学合理释放气井产能的目的(表 5-18)。

表 5-18　锦 58 井区合理配产调整状况

类别	序号	井号	无阻流量/(万 m³/d)	调配产前生产情况				调配产后生产情况				合理配产比例
				套压/MPa	日产气/万 m³	日产液/m³	套压降/(MPa/d)	套压/MPa	日产气/万 m³	日产液/m³	套压降/(MPa/d)	
	1	JPH-307	14. 90	13. 3	1. 7	2. 9	0. 003	11. 2	2. 3	4. 1	0. 0064	1/6
	2	J58P7H	31. 65	17. 2	4	3	0. 014	15. 2	6. 6	6. 3	0. 0204	1/8
	3	JPH-315	9. 40	15	2	3	0. 008	12. 5	2. 7	3	0. 142	1/5
	4	JPH-381	27. 28	18. 3	3. 7	2. 1	0. 007	18	4. 4	2. 8	0. 01	1/7
	5	JPH-378	23. 34	19	2. 4	8. 6	0. 003	18. 5	3. 1	6. 8	0. 008	1/7
	6	JPH-414	21. 79	18. 3	4	6. 35	0. 007	17. 9	4. 6	6. 35	0. 011	1/5
	7	JPH-323	4. 50	16. 4	1. 8	2	0. 005	15. 4	2	3. 1	0. 007	1/2
上调	8	JPH-382	17. 34	16. 7	3	2. 9	0. 01	15. 6	3. 5	3. 8	0. 0154	1/6
	9	JPH-314	13. 05	12. 1	2. 2	2. 8	0. 01	9. 8	3	7. 1	0. 0191	1/6
	10	JPH-312	13. 10	12. 7	2	4. 8	0. 0083	11. 3	3. 7	6. 3	0. 0218	1/6
	11	JPH-336	8. 60	16. 6	2	1. 9	0. 0096	16	3	1. 6	0. 0169	1/4
	12	JPH-329	17. 50	12. 5	2. 5	11. 8	0. 004	11. 7	3. 5	10	0. 008	1/5
	13	JPH-359	3. 27	9. 9	0. 8	8. 31	0. 005	9. 7	1	7. 5	0. 005	1/2
	14	J58P5H	31. 00	14	2. 7	2. 3	0. 005	13. 6	2. 9	2. 15	0. 005	1/9
	小计	14	16. 91	15. 14	2. 49	4. 48		14. 03	3. 31	5. 06	0. 02	1/5

续表

类别	序号	井号	无阻流量/(万 m^3/d)	调配产前生产情况				调配产后生产情况				合理配产比例
				套压/MPa	日产气/万 m^3	日产液/m^3	套压降/(MPa/d)	套压/MPa	日产气/万 m^3	日产液/m^3	套压降/(MPa/d)	
下调	1	JPH-303	7.80	13.9	3.4	10.9	0.033	15.3	2.5	5.2	0.001	1/3
	2	JPH-367	4.60	12.2	2.5	4	0.045	13.7	1.5	3.1	0.0099	1/3
	3	JPH-344	11.45	9.7	3.3	6.1	0.026	10.1	1.7	5.1	0.003	1/5
	4	JPH-319	8.36	12.2	2	2.6	0.014	12.5	1.4	1.7	0.008	1/6
	5	JPH-329	17.50	10.1	6.3	21.7	0.046	12.7	2.8	10.6	0.007	1/6
	6	JPH-351	4.08	11.7	2.3	2.1	0.019	12.1	1.3	1.9	0.008	1/3
	7	JPH-313	39.80	18.5	7	5	0.0144	15.3	5.5	5	0.009	1/7
	8	JPH-316	19.07	11.6	3.3	2.8	0.0148	11.9	2.8	2.6		1/7
	9	JPH-352	13.42	12.9	2.5	2.1	0.016	13	1.5	2.6	0.0059	1/6
	10	JPH-360	13.60	12.9	4	14.5	0.018	12.8	3.3	10.1	0.008	1/5
	小计	11	13.97	12.57	3.66	7.18		12.94	2.43	4.79		1/5
合计			15.68	14.07	2.98	5.61		13.58	2.94	4.95	0.02	1/5

6　致密含水气藏采收率分析

致密气藏储层物性差、非均质性强、含水饱和度高、渗流规律复杂，由此导致致密气藏采收率难以被准确标定。从储层微观结构实验研究出发，评价揭示致密气藏储层微观渗流特征，然后结合微观渗流实验结果和理论分析，建立考虑滑脱效应、启动压力梯度和应力敏感效应的致密气藏渗流模型，以渗流模型为基础，结合致密气藏采收率多因素评价方法，建立致密含水气藏采收率综合评价方法，并结合苏里格气田的经济开发界限确定致密砂岩气藏的有效开发界限，以指导致密砂岩气藏高效、合理开发。

6.1　废弃井底流压确定

6.1.1　基于气液两相变质量流动的产水气井井筒压力损失分析

在废弃井口压力的基础上，要准确计算气井废弃井底流压，就需要对井底到井口全流程的压力损失进行准确的计算。同时，由于研究区气井普遍产水且产水规模差异较大，产水极大影响了气井井筒内压力损失和井底流压的计算精度。因此，建立了气井井底压力计算方法和基于气液两相变质量流动的产水气井井底流压的校正方法，为气井废弃井底流压的计算奠定基础。在计算过程中，将整个井筒划分为三个段，分别为直井段、造斜段和水平段。

1. 直井段压降

对世界范围内工程常用的气液两相管流压降模型进行了收集整理和统计评价，不同模型压力计算的具体误差统计结果见表 6-1，评价结果显示，Hagedorn & Brown 模型在两相垂直管流中压降和压降梯度的计算平均误差都更小，因此在直井段的压降计算中优选 Hagedorn & Brown 模型作为计算模型。

表 6-1　常用气液两相管流压降模型评价结果

计算方法	压降			压降梯度			相对性能系数，RPF
	平均相对误差 E_1/%	平均相对误差绝对值 E_2/%	压降标准差 E_3/%	平均相对误差 E_4/%	平均相对误差绝对值 E_5/%	压降梯度标准差 E_6/%	
Hagedorn & Brown	8.92	13.7	14.7	0.170	0.291	0.309	0.399

续表

计算方法	压降			压降梯度			相对性能系数，RPF
	平均相对误差 E_1/%	平均相对误差绝对值 E_2/%	压降标准差 E_3/%	平均相对误差 E_4/%	平均相对误差绝对值 E_5/%	压降梯度标准差 E_6/%	
Beggs & Brill	33.4	33.4	21.0	0.744	0.744	0.500	1.73
Dus & Ros	22.4	36.4	39.3	0.518	0.852	0.963	2.91
Mukerjee & Brill	57.8	57.8	26.2	1.29	1.29	0.622	2.99
Orkiszewski	114	114	23.0	2.52	2.52	0.418	4.652

确定了计算模型后，按照以下步骤进行直井段压降校正。首先根据气井产气、产液量计算气井持液率，然后引入气液混合物密度和气液两相摩阻系数，最后可以得到基于 Hagedorn & Brown 模型计算的直井段压力分布和压降。

其中，气液混合物密度可表示为：

$$\rho_m = \frac{\rho_L H_L A\Delta L + \rho_g (1-H_L) A\Delta L}{A\Delta L} = \rho_L H_L + \rho_g (1-H_L) \tag{6-1}$$

气液两相摩阻系数表示为：

$$\frac{1}{\sqrt{f}} = 1.14 - 2\lg\left(\frac{e}{D} + \frac{21.25}{N_{R_e}^{0.9}}\right) \tag{6-2}$$

基于 Hagedorn & Brown 模型和常规单相流模型的压降计算结果对比如图 6-1 所示，从图 6-1 中可以看出，随着深度的增加，采用两相流模型计算得到的井底压力要明显高于采用常规单相流模型的计算结果。这是因为在考虑了气液两相流之后，由于两相条件下流动的阻力显著增大，因此导致井筒内压力损失增加，从而计算得到的井底压力增大。

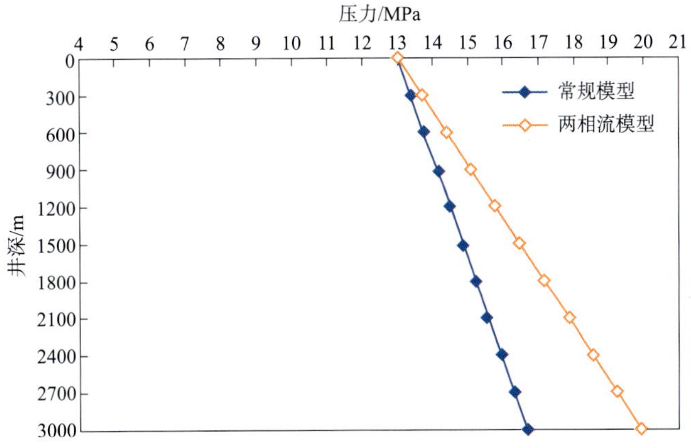

图 6-1 不同模型的直井段压力分布计算结果对比

然后，采用 Hagedorn & Brown 模型计算不同水气比条件下的直井段的压力沿程分布情况，结果从图 6-2 可以看出，随着水气比的增大，直井段内的压力随深度的变化越大，这是因为水气比越大，井筒内两相流动的阻力也越大，因此导致井筒内压力损失增加，从而导致井底压力增大。

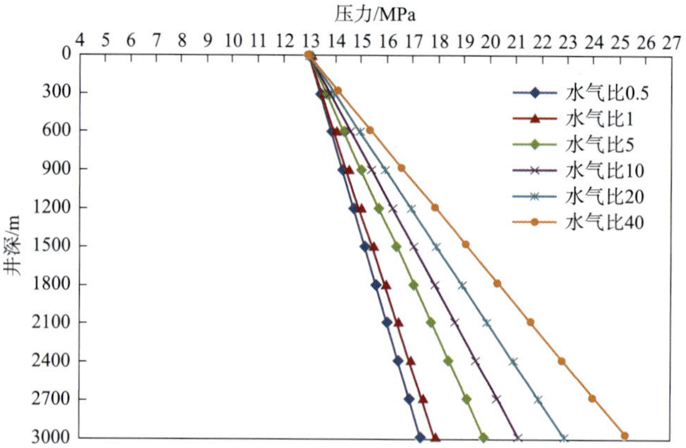

图 6-2　不同模型的直井段压力分布计算结果对比

通过上述算例分析可知，Hagedorn & Brown 模型能够很好地描述两相流动压力分布情况。采用该模型计算了 3 口实际气井，根据气井井口油压和液气比情况，计算了压力计下深位置的流压，并和实测值压力进行了对比，结果见表 6-2，结果表明 Hagedorn & Brown 模型计算的结果和实测结果误差均在 5% 以内，再次验证选用 Hagedorn & Brown 模型计算直井段压力的方法是可行的。

表 6-2　实测压力值和计算结果的对比

井名	油压/MPa	日产气量/万 m^3	日产液量/m^3	液气比/(m^3/万 m^3)	压力计下深/m	测试流压/MPa	计算流压/MPa	误差/%
JPH-304	17.8	3.6	7.6	2.1	2900	25.12	24.9	0.88
J58P4H	15.6	4.7	29	6.2	2900	24.6	24.22	1.54
J58P17H	6.8	1.2	35.7	29.8	2580	15.9	15.46	2.77

2. 造斜段压降

水平井造斜段压降主要有三个来源：重力压降、两相流摩阻压降和流体速度变化产生的加速压降。

其中，重力压降可表示为：

$$-\frac{dP_g}{dz}=[\rho_G\alpha+(1-\alpha)\rho_L]g\sin\beta \tag{6-3}$$

摩阻压降表示为：

$$-\frac{dP_g}{dz}=\frac{f_{tur}}{2}\frac{1}{D}\rho u_i^2 \tag{6-4}$$

考虑流体速度变化的加速压降表示为：

$$-\left(\frac{\mathrm{d}P_a}{\mathrm{d}z}\right)=\frac{1}{A}\frac{\mathrm{d}}{\mathrm{d}z}\left\{AG^2\left[\frac{(1-x)^2}{\rho_L(1-\alpha)}+\frac{x^2}{\rho_G\alpha}\right]\right\} \tag{6-5}$$

计算得到 300m 造斜段范围内，水气比为 0.5～40m³/万 m³，井筒的摩阻压力损失分布，结果如图 6-3 所示。

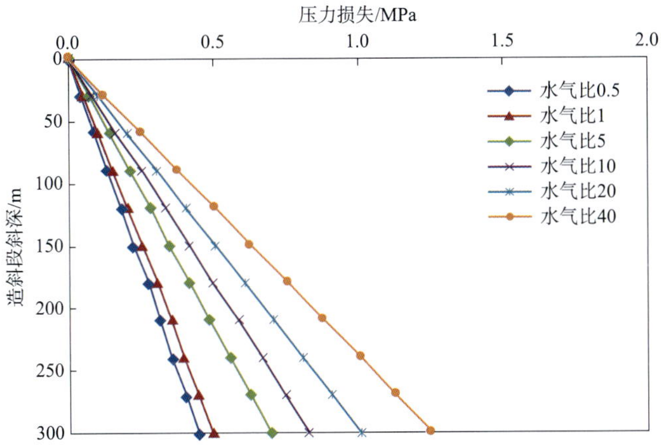

图 6-3　不同模型的直井段压力分布计算结果对比

在此基础上，计算得到了在不同积液深度条件下、不同水气比条件下造斜段总的压降情况，结果如图 6-4 所示。

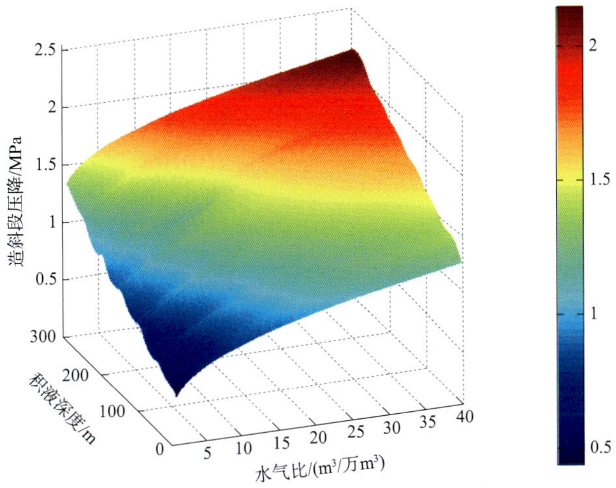

图 6-4　不同模型的直井段压力分布计算结果对比

综合图 6-3 和图 6-4 可以看出，产水气井在造斜段的压降主要受造斜段积液情况和产出水的水气比控制。其中造斜段积液越深，水气比越高，造斜段压降越大，在积液深度为 0～300m 的情况下，水气比为 1～40m³/万 m³，300m 造斜段压降范围为 0.44～2.13MPa。

3. 水平段压降

水平段压降主要有三个来源：两相流摩阻压降、流体速度变化产生的加速压降和水平段变质量流动的混合压降。在水平段摩阻压降中，首先进行流型判断，在此基础上开展摩阻损失计算。

加速压降可表示为：

$$\Delta p_{\text{acci}}=\frac{1}{2}\rho_m\ (u_{m,i+1}-u_{m,i})^2 \tag{6-6}$$

考虑水平段沿程变质量流的混合压降表示为：

$$\Delta p_{mixi}=\Delta p_{\text{perfm}}-0.031Re_m\left(\frac{Q_{\text{IW},i}}{Q_{i+1}}\right) \tag{6-7}$$

$$\Delta p_{\text{perfm}}=\frac{1}{2}f_{\text{perfm}}\rho_m u_m^2\frac{\Delta L}{D} \tag{6-8}$$

在此基础上，分别计算了不同水气比级别下的水平段不同类型压降沿水平段的分布特征，结果分别如图 6-5 和图 6-6 所示。

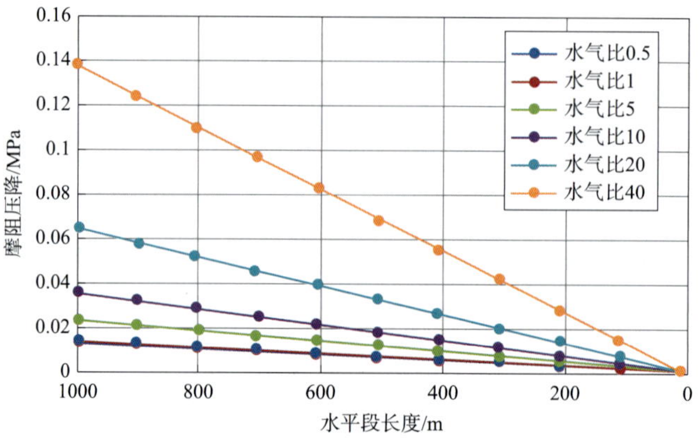

图 6-5 产水气井水平段摩阻压降分布

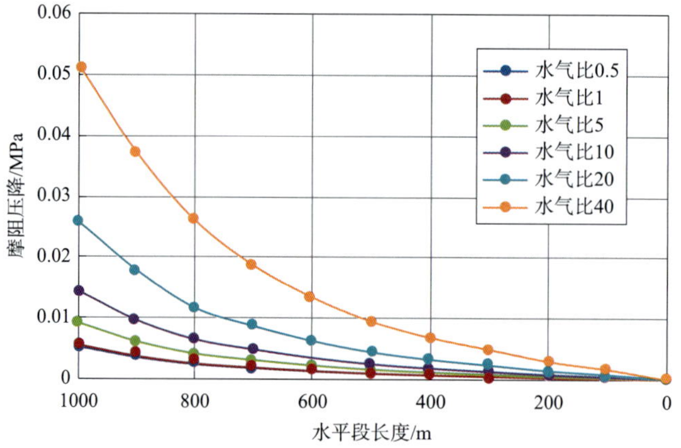

图 6-6 产水气井水平段混合压降分布

最终确定水平段总体压降沿程分布如图 6-7 所示。

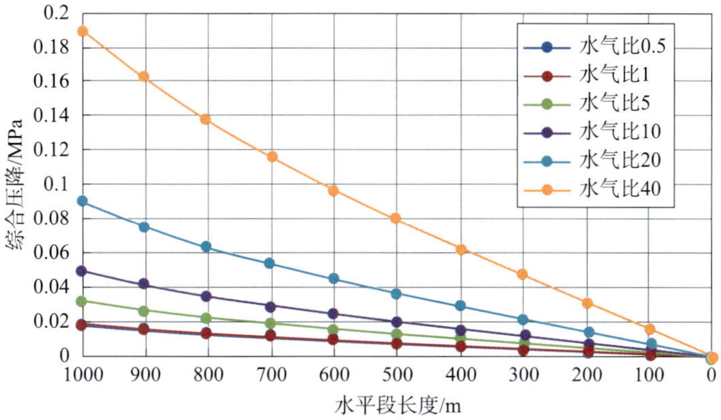

图 6-7 产水气井水平段综合压降随水平段沿程分布

上述结果表明，产水气井水平段压降以摩阻压降和混合压降为主，加速压降较低，可以忽略；同时，在日产气 2 万 m^3，产出水气比为 1~40m^3/万 m^3，1000m 水平段压降范围为 0.02~0.19MPa；和直井段、造斜段的压降结果相比，水平段总体压降较低，对气井整体压降贡献不大。

经过以上研究明确了在考虑气水两相流的情况下，东胜气田气井的分段压力损失。其中直井段压力损失为 4.0~12.5MPa，造斜段压力损失为 0.4~2.1MPa，水平段压力损失为 0.02~0.2MPa。

综合以上结果得出结论：水平井井筒内压降为直井段压降、造斜段压降和水平段压降三部分之和。大部分的压降(压力损失)来自直井段和造斜段(图 6-8)。

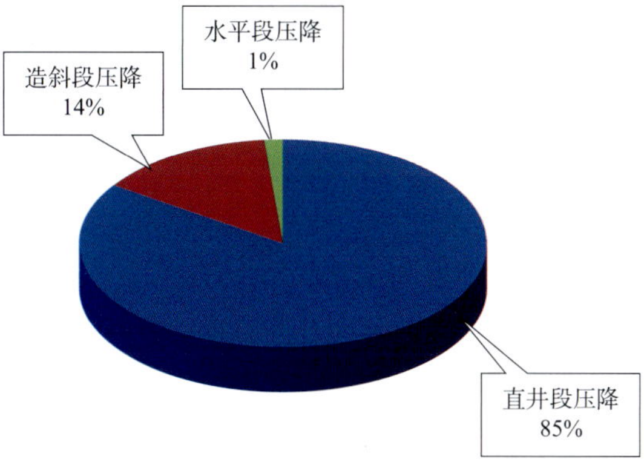

图 6-8 产水气井各段压降贡献比例

6.1.2 含水气藏废弃井底流压计算

由于目标区普遍含水的特征，造成气井废弃井底流压和废弃地层压力的确定在传统不含水条件下有明显差异。基于上述建立的气液两相变质量流动气水井井筒压力分布计算模型，考虑气水两相流动的流态和压力变化，计算了不同水气比条件下的含水致密气藏废弃井底流压结果见表6-3，结果表明，水气比越高，废弃井底流压越高。

表6-3　不同液气比下废弃井底流压

水气比/(m^3/万 m^3)	废弃井底流压/MPa
1	4.5
5	6.8
10	7.5
20	9.1

6.2　气藏废弃压力确定

气藏废弃压力是计算气藏采收率或可采储量的重要参数，也是有关地面工程论证和设计的重要指标和依据。通常计算气藏废弃压力时，大都未考虑气藏高含水情况，这样得到的废弃压力与实际高含水气藏的情况有着较大差异。东胜气田目前气井普遍产水且产水规模差异较大，因此常规的气藏废弃压力计算方法已经不适用于东胜气田的废弃压力计算，为此，建立了考虑不同产水级别的致密气藏废弃压力的计算方法。

6.2.1　产水气井二项式产能方程

根据流体渗流规律，气井生产压降主要集中于井周附近很小的范围内。因此，在井周附近岩石容易产生应力敏感，并且凝析水易析出聚集，进而产生水锁，这种变化的最终结果主要表现为井周气层渗透率降低。因此，可采用以下公式研究井周渗透性变差对致密含水气藏气井产能的影响：

$$p_R^2 - p_{wf}^2 = A_i q_g + B_i q_g^2 \tag{6-9}$$

其中：

$$A_i = A_1\left[1 + \frac{K_1}{K_i}\frac{\lg(r_i/r_1)}{\lg(r_1/r_w) + 0.434S}\right] \tag{6-10}$$

$$B_i = B_1\left(1 + \frac{K_1}{K_i}\frac{1/r_1 - 1/r_i}{1/r_w - 1/r_1}\right) \tag{6-11}$$

$$q_g = \frac{1}{2B_i}\left[\sqrt{A_i^2 + 4B_i(p_R^2 - p_{wf}^2)} - A_i\right] \tag{6-12}$$

气井开采过程中，天然气偏差系数和黏度随地层压力的变化对产能方程影响较大，不容忽视。假设气井在两个不同开采阶段的二项式系数分别为 A_1、B_1 和 A_2、B_2，对应的天然气黏度和偏差系数分别为 μ_1、Z_1 和 μ_2、Z_2，则有：

$$A_2 = A_1 \mu_2 Z_2 / Z_1 \mu_1 \tag{6-13}$$

$$B_2 = B_1 Z_2 / Z_1 \tag{6-14}$$

利用早期等时试井或修正等时试井资料，可取得压力平方二项式产能方程系数 A_i 和 B_i、气藏原始地层压力、表皮系数、地层渗透率、井控制半径；利用后期压力恢复试井解释结果可以得到渗透率变差程度(K_1/K_i)和伤害半径。综上，将式(6-10)、式(6-11)、式(6-12)、式(6-13)和式(6-14)代入式(6-9)中可得到任意地层压力下的二项式产能方程。

6.2.2　基于产水气井产能方程的气藏废弃压力确定方法

对于产水气井，随着地层压力的下降，气井最大产气量不断降低，当最大产气量低于最小携液速度下的产气量时，此时气井将不能正常生产，两者相等时对应的地层压力即为气藏废弃压力。在一定井口压力、井径、井深和井流物组成条件下，最小携液速度与对应井底流压确定方法可采用李闽等考虑液滴为椭球时的最小携液速度，计算公式如下：

$$p_{\mathrm{wf}} = \sqrt{p_{\mathrm{tf}}^2 \mathrm{e}^{2S} + \frac{1.324\times10^{-18} f\,(q_{\mathrm{sc}} \overline{T}\,\overline{Z})^2}{d^5}(\mathrm{e}^{2S}-1)} \tag{6-15}$$

式中：

$$S = 0.03415\gamma_{\mathrm{g}} H / \overline{T}\,\overline{Z} \tag{6-16}$$

由式(6-16)确定出气井最小井底流压后，利用考虑液相伤害时的任一地层压力下的二项式产能方程，则可计算不同地层压力在该最小井底流压下对应的产气量。当地层压力下降到某一值对应的最大产气量等于该流压的最小携液速度对应产气量时，此时的地层压力，即为气井的废弃压力。通过计算得到东胜气田在不同水气比条件下的废弃地层压力结果见表 6-4。

表 6-4　不同液气比下废弃地层压力

水气比/(m^3/万 m^3)	废弃地层压力/MPa
1	6.4
5	8.9
10	9.6
20	11.5

6.3　致密砂岩含水气藏衰竭开发动态物理模拟研究

6.3.1　致密含水气藏衰竭开发动态物理模拟实验方法

在现有的全直径岩样常规驱替实验流程基础上，接入高精度回压阀和气体质量流量控制计，建立致密砂岩含水气藏开发动态物理模拟实验系统。通过开展物理模拟实验，研究不同因素(含水饱和度、渗透率和采气速度)对气藏开发动态的影响并计算对应的采收率。为确保实验结果的精确性，岩样两端的压力传感器精确为 0.001MPa，出口端气体的流量采用 10000mL 量程的质量流量控制器来计量。致密砂岩含水气藏衰竭开发动态物理模拟实验流程如下：

(1)模拟的全直径岩样选取：根据研究气藏储层孔渗，选取可反映储层孔渗特征的全直径岩样，其中，全直径岩样长度不小于 1.5 倍的直径。

(2)全直径岩样置于恒温箱烘干，恒温箱温度 100℃，烘干时间不少于 24h，烘干后利用游标卡尺测量全直径岩样直径和长度，利用天平称量全直径岩样干重，之后岩样抽真空 24h 后饱和地层水。

(3)根据实验流程示意图 6-9 所示连接好实验设备，其中，恒温箱温度根据实验要求设置，实验前提前预热 24h，确保全直径岩样渗流达到恒温渗流状态。

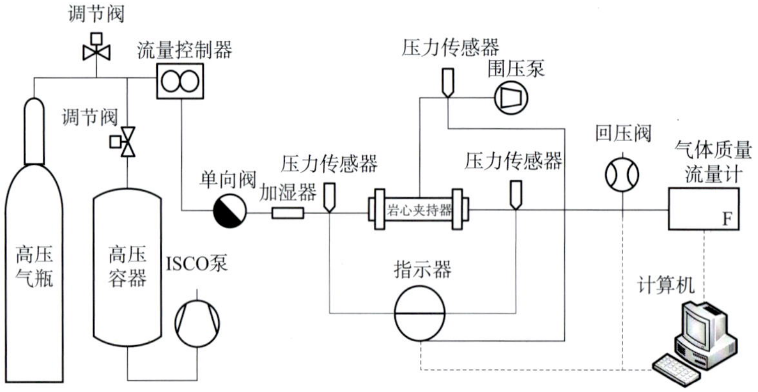

图 6-9　致密砂岩气藏衰竭开发动态物理模拟实验流程示意图

(4)利用外接 ISCO 泵给全直径岩心加围压，围压值根据具体的实验要求确定，通常根据测试岩心埋深、上覆岩层压力和实验设备性能确定。

(5)利用外接气瓶，逐级增压驱替全直径岩心中的饱和水，直至岩心含水饱和度到达研究所需的含水饱和度，通常确保全直径岩心驱替后的含水饱和度与模拟气藏含水饱和度一致，相差不到 5%。

(6)利用外接气瓶给岩心两端加压饱和，建立全直径岩心原始地层压力。其中，流压值根据具体的实验要求确定，通常根据测试岩心所在储层原始地层压力和实验设备性能确定；待岩心内部压力平衡后关闭岩心两端阀门，并根据全直径岩心尺寸、孔隙度、含水饱和度和压力计算饱和气量。

(7)打开全直径岩心右端阀门，同时利用质量流量控制计控制全直径岩心出口端采气速度，模拟气藏气井定产量生产，并利用压力传感器记录岩心两端压力，记录时间间隔 2s。

(8)根据设备记录的实验时间、采气速度和压力，绘制不同采气速度下全直径岩心井底压力与累计采气量曲线(图6-10)。

(9)根据全直径岩心饱和气量和全直径岩心井底压力与累计采气量曲线，绘制全直径岩心井底压力与采出程度关系曲线(图6-11)。

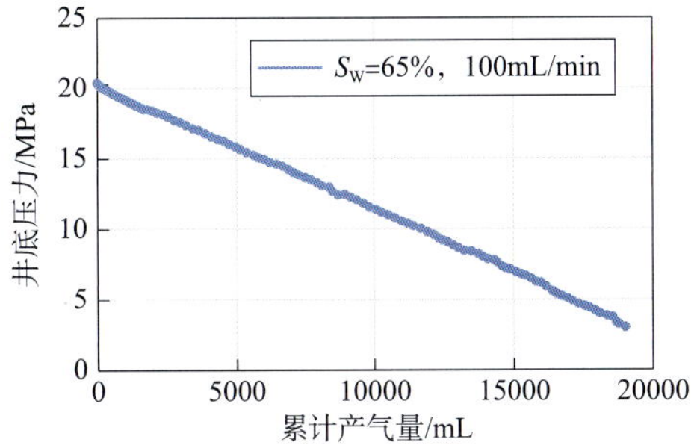

图6-10　物理模拟累计采气量与井底压力曲线

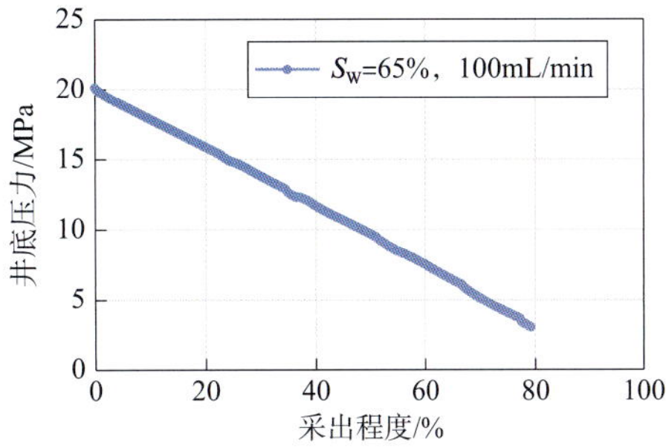

图6-11　物理模拟采出程度与井底压力曲线

(10)根据实验废弃条件(通常包括废弃压力和废弃流量)和绘制的全直径岩心井底压力与采出程度曲线确定不同采气速度、废弃井底压力3MPa时对应的全直径岩样采收率(图6-12)。

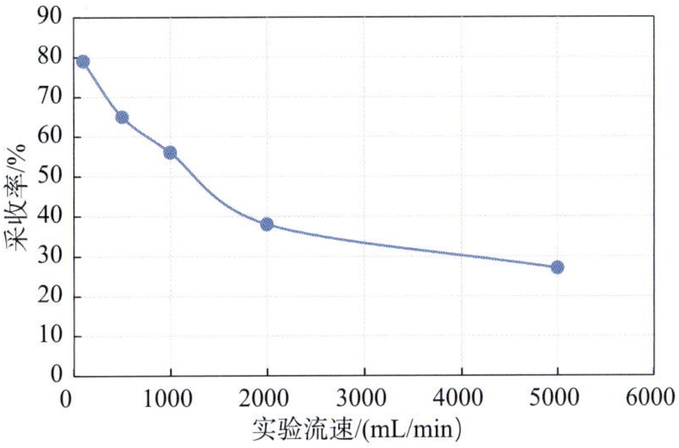

图6-12　全直径岩心采收率曲线(废弃压力取3MPa)

6.3.2　致密砂岩气藏衰竭开发动态模拟实验结果

根据实验要求，选择3块东胜气田致密砂岩全直径岩样，开展气藏衰竭开发动态物理模拟实验。实验岩样参数和具体实验条件见表6-5。表中π_2、π_4、π_7和π_8根据实验参数计算的相似准数，α、β为根据实验曲线拟合得到的二次项和一次项系数。在3块岩心上(渗透率分别为$0.2\times10^{-3}\mu m^2$、$0.7\times10^{-3}\mu m^2$和$1.6\times10^{-3}\mu m^2$)、设计不同含水饱和度(0%、45%、55%和65%)、采气速度(流量分别为100mL/min、500mL/min、1000mL/min、2000mL/min、5000mL/min)的衰竭开发动态物理模拟实验共计28组。实验岩心串联拼接长度30cm，初始流压20MPa，废弃压力3MPa(为初始流压15%)。

表 6-5 全直径岩心采收率实验参数结果表

序号	实验岩心参数			相似准数				拟合参数	
	含水饱和度/%	渗透率/$10^{-3}\mu m^2$	流量/(mL/min)	π_2	π_4	π_7	π_8	α	β
1	65	0.7	100	0.65	0~0.79	0~0.85	1.07	0.03	1.04
2	65	0.7	500	0.65	0~0.65	0~0.85	0.21	-0.05	1.29
3	65	0.7	1000	0.65	0~0.56	0~0.85	0.11	-0.20	1.61
4	65	0.7	2000	0.65	0~0.38	0~0.85	0.05	-1.21	2.62
5	65	0.7	5000	0.65	0~0.27	0~0.85	0.02	-5.16	4.48
6	55	0.7	100	0.55	0~0.82	0~0.85	1.07	0.02	1.02
7	55	0.7	500	0.55	0~0.73	0~0.85	0.21	0.05	1.10
8	55	0.7	1000	0.55	0~0.66	0~0.85	0.11	-0.12	1.34
9	55	0.7	2000	0.55	0~0.43	0~0.85	0.05	-0.85	2.39
10	55	0.7	5000	0.55	0~0.30	0~0.85	0.02	0.63	2.72
11	45	0.7	100	0.45	0~0.82	0~0.85	1.07	0.02	1.01
12	45	0.7	500	0.45	0~0.77	0~0.85	0.21	0.00	1.09
13	45	0.7	1000	0.45	0~0.70	0~0.85	0.11	-0.05	1.20
14	45	0.7	2000	0.45	0~0.43	0~0.85	0.05	-0.76	2.25
15	45	0.7	5000	0.45	0~0.39	0~0.85	0.02	-1.38	2.62
16	0	0.7	500	0	0~0.80	0~0.85	0.21	0.00	1.06
17	65	1.6	100	0.65	0~0.83	0~0.85	7.79	-0.01	1.03
18	65	1.6	500	0.65	0~0.80	0~0.85	1.56	-0.05	1.09
19	65	1.6	1000	0.65	0~0.76	0~0.85	0.78	-0.14	1.20
20	55	1.6	100	0.55	0~0.84	0~0.85	7.79	0.01	1.00
21	55	1.6	500	0.55	0~0.82	0~0.85	1.56	-0.02	1.06
22	55	1.6	1000	0.55	0~0.80	0~0.85	0.78	-0.06	1.11
23	55	1.6	5000	0.55	0~0.63	0~0.85	0.16	-0.44	1.61
24	0	1.6	500	0	0~0.84	0~0.85	1.56	0.00	1.00
25	65	0.2	500	0.65	0~0.18	0~0.85	0.03	-2.67	4.96
26	55	0.2	500	0.55	0~0.28	0~0.85	0.03	-1.21	3.38
27	45	0.2	500	0.45	0~0.48	0~0.85	0.03	-0.82	2.07
28	0	0.2	500	0	0~0.67	0~0.85	0.03	-0.11	1.29

实验获得不同条件(渗透率、含水饱和度和采气速度)致密全直径岩心井底压力与采出程度关系曲线，通过这些曲线分析渗透率、含水饱和度和采气速度对采收率的影响规律。

1. 采气速度对采收率的影响

图 6-13 为渗透率 $0.7\times10^{-3}\mu m^2$ 岩心井底压力与采出程度曲线，从图中可以看出：由于致密含水气藏储层物性差，产气能力弱，随着采气速度增加，井底压降由线性压降逐渐过渡到非线性压降，压降速度越来越快，最终采收率也越来越低，采气速度 100mL/min 时采收率高达 79%，采气速度 1000mL/min 时采收率降到 56%，两者相差 23%，统计结果见表 6-6，采气速度对致密含水气藏井底压降和采收率影响大，因此，应严格控制致密含水气藏采气速度。

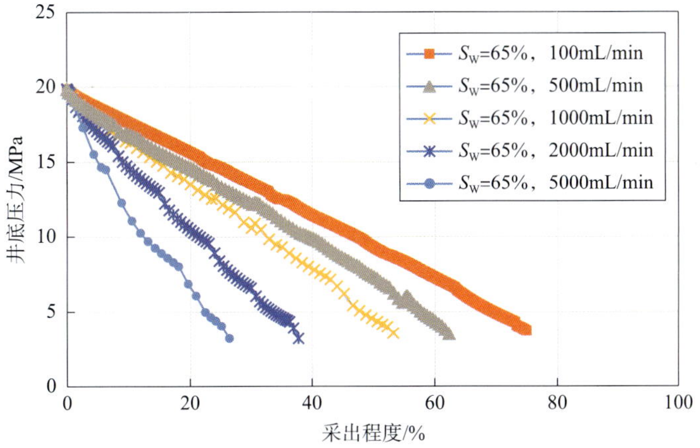

图 6-13 渗透率 $0.7\times10^{-3}\mu m^2$ 岩心井底压力与采出程度关系曲线

表 6-6 渗透率 $0.7\times10^{-3}\mu m^2$ 岩心含水饱和度 65%时采收率统计表

采气速度/(mL/min)	100	500	1000	2000	5000
采收率/%	79	65	56	38	27

图 6-14 为岩心渗透率 $1.6\times10^{-3}\mu m^2$、含水饱和度 65%时井底压力与采出程度曲线，大规律与图 6-13 一致，随着采气速度增加，井底压降也由线性压降逐渐过渡到非线性压降，压降速度越来越快，采收率也越来越低，但由于图 6-14 岩心渗透率相对加高，采气速度变化导致采收率变化的幅度相对较小，即储层渗透率越低，采气速度对致密含水气藏采收率影响越显著，如采气速度 100mL/min 时采收率高达 83%，采气速度 1000mL/min 时采收率降到 76%，只相差 7%，统计结果见表 6-7。综合图 6-14 和表 6-7 可以看出，储层渗透率越低，采气速度对气藏井底压降和采收率影响越大。

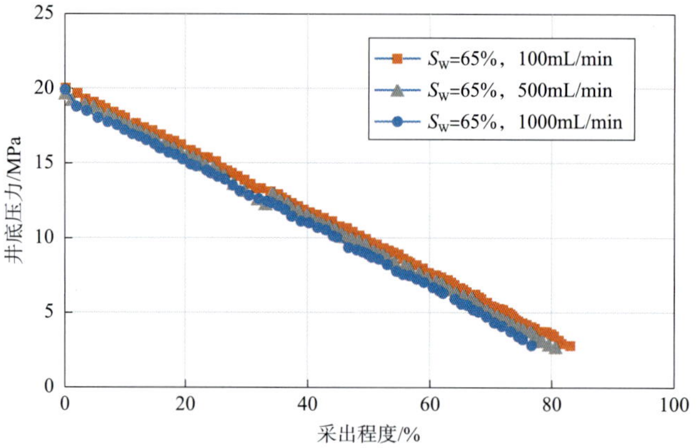

图 6-14　渗透率 1.6×10^{-3}μm^2 岩心井底压力与采出程度关系曲线

表 6-7　渗透率 1.6×10^{-3}μm^2 岩心含水饱和度 65%时采收率统计表

采气速度/(mL/min)	100	500	1000
采收率/%	83	79	76

图 6-15 为岩心渗透率 0.7×10^{-3}μm^2、含水饱和度 55%时井底压力与采出程度曲线，结合图 6-13 可以看出：其他参数一定的条件下，储层含水饱和度越大，采气速度对气藏井底压降和采收率影响越大，如含水饱和度 55%、采气速度 100mL/min 时采收率高达 82%，采气速度 1000mL/min 时采收率降到 66%，只相差 16%，而含水饱和度 65%时两者相差 23%，低含水饱和度时采收率差值小于高含水饱和度差值，具体结果详见表 6-8。

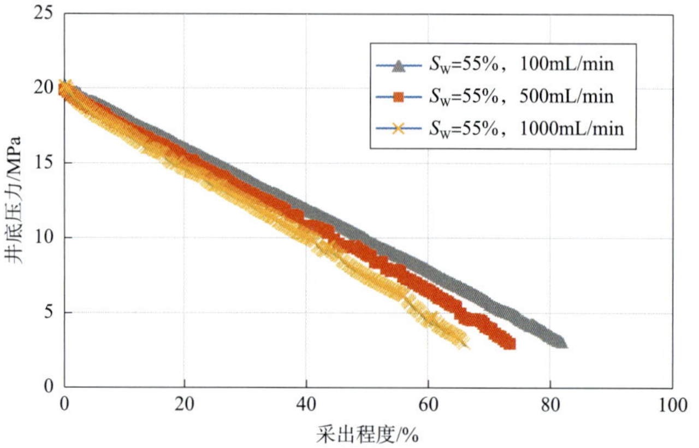

图 6-15　渗透率 0.7×10^{-3}μm^2 岩心井底压力与采出程度关系曲线

表 6-8　渗透率 0.7×10^{-3}μm^2 岩心含水饱和度 55%时采收率统计表

采气速度/(mL/min)	100	500	1000
采收率/%	82	73	66

综上所述，采气速度对致密含水气藏采收率影响显著，且储层物性越差，采气速度对采收率的影响越显著。

2. 含水饱和度对采收率的影响

图 6-16 为渗透率 $0.7\times10^{-3}\mu m^2$ 岩心井底压力与采出程度曲线，从图中可以看出：在相同条件下，岩心含水饱和度越大，模拟气藏的井底压力下降的速度越快，采收率越小，如含水饱和度为 45%时的采收率为 75%，而含水饱和度为 65%时，采收率则降到 66%，相差 9%。具体结果见表 6-9。

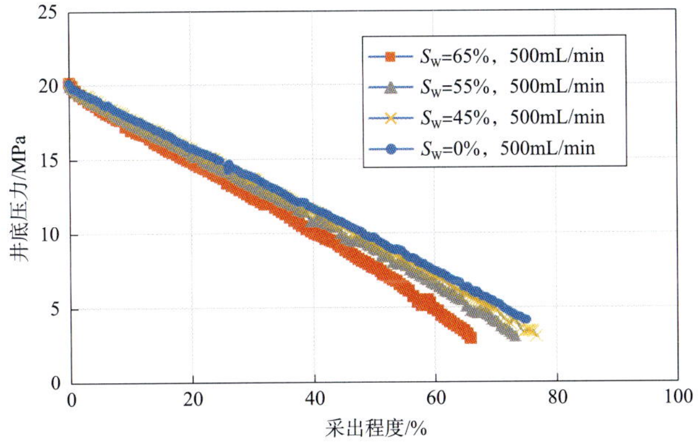

图 6-16　渗透率 $0.7\times10^{-3}\mu m^2$ 岩心井底压力与采出程度关系曲线

表 6-9　岩心渗透率 $0.7\times10^{-3}\mu m^2$、采气速度 500mL/min 时采收率统计表

含水饱和度/%	0	45	55	65
采收率/%	76	75	73	66

图 6-17 为渗透率 $0.2\times10^{-3}\mu m^2$ 岩心井底压力与采出程度曲线，综合图 6-16 可以看出：由于图 6-17 的岩心渗透率更低，导致含水饱和度对模拟气藏井底压降和采收率更加显著，即储层其他条件一定的条件下，储层渗透率越低，含水饱和度对气藏井底压降和采收率的影响越显著。$0.2\times10^{-3}\mu m^2$ 岩心采气速度 500mL/min 时采收率见表 6-10。

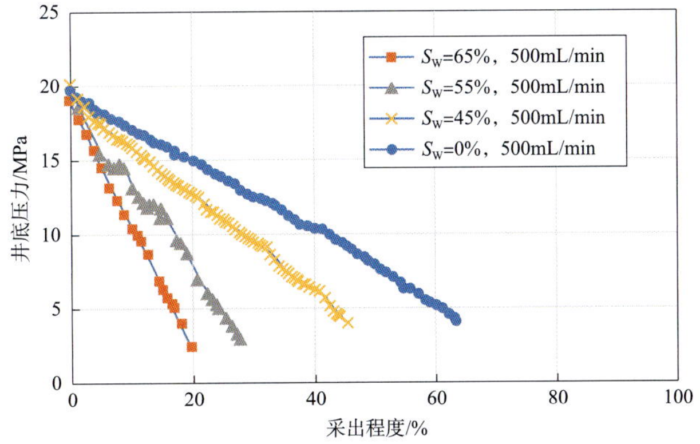

图 6-17　渗透率 $0.2\times10^{-3}\mu m^2$ 岩心井底压力与采出程度关系曲线

表 6-10　渗透率 $0.2\times10^{-3}\mu m^2$ 岩心采气速度 500mL/min 时采收率统计表

含水饱和度/%	0	45	55	65
采收率/%	67	48	28	18

综上所述，含水饱和度对致密含水气藏井底压降和采收率影响显著，且储层渗透率越低，含水饱和度对致密含水气藏采收率影响越显著。

3. 渗透率对采收率的影响

图 6-18 为采气速度 500mL/min、含水饱和度 55%时井底压力与采出程度曲线，可以看出：渗透率较高时，不同渗透率的岩心井底压降曲线基本一致，最终采收率相差较小，渗透率对气藏采收率影响较小；反之，当渗透率较低时，不同渗透率的岩心井底压降速率及采收率相差较大，渗透率对气藏采收率影响较大，如物模实验岩心渗透率由 $1.6\times10^{-3}\mu m^2$降到 $0.7\times10^{-3}\mu m^2$ 时，采收率仅下降了 7%(80%降到 73%)，采收率下降幅度较小，此时渗透率对采收率影响较小；岩心渗透率由 $0.7\times10^{-3}\mu m^2$ 降到 $0.2\times10^{-3}\mu m^2$ 时，采收率下降了 46%(73%降到 27%)，采收率下降幅度大，此时渗透率对采收率影响显著，具体采收率值见表 6-11。

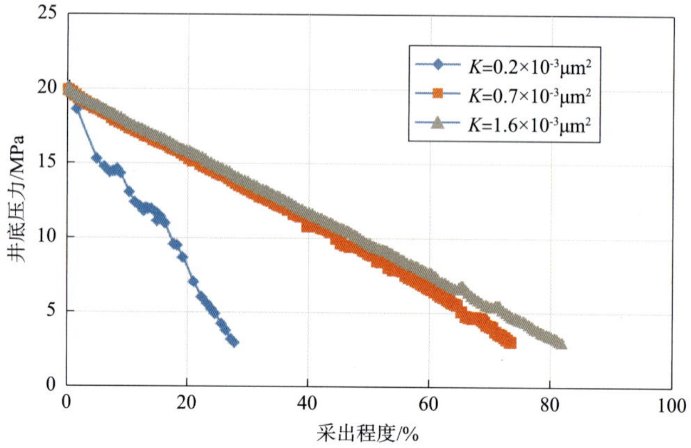

图 6-18　岩心含水饱和度 55%、采气速度 500mL/min 时井底压力与采出程度关系曲线

表 6-11　岩心含水饱和度 55%、采气速度 500mL/min 时采收率统计表

渗透率/$10^{-3}\mu m^2$	0.2	0.7	1.6
采收率/%	27	73	80

图 6-19 为采气速度 500mL/min、含水饱和度 45%时井底压力与采出程度曲线，对比图 6-18，可以看出：图 6-19 的规律与图 6-18 基本一致，但由于图 6-19 的岩心含水饱和度降低，不同渗透率的岩心压降速率及采收率差异变小，此时岩心渗透率由 $0.7\times10^{-3}\mu m^2$ 降到 $0.2\times10^{-3}\mu m^2$ 时，采收率仅下降 30%，小于图 6-18 中 $0.2\times10^{-3}\mu m^2$ 岩心和 $0.7\times10^{-3}\mu m^2$ 岩心采收率的差值，具体值见表 6-12。

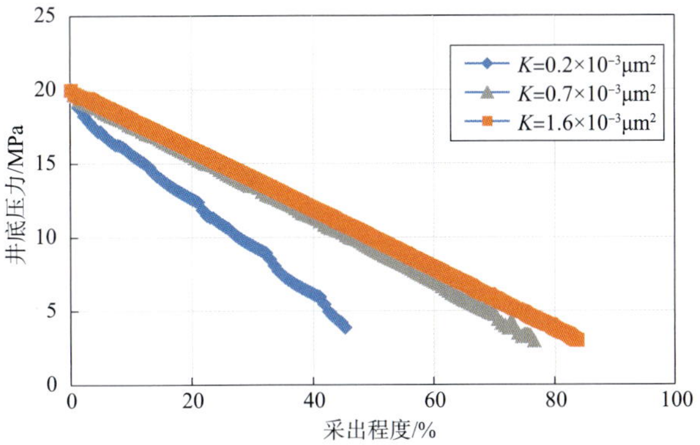

图 6-19 岩心含水饱和度 45%、采气速度 500mL/min 时井底压力与采出程度关系曲线

表 6-12 岩心含水饱和度 45%、采气速度 500mL/min 时采收率统计表

渗透率/$10^{-3}\mu m^2$	0.2	0.7	1.6
采收率/%	82	75	45

综上所述，渗透率对致密含水气藏采收率影响存在临界渗透率，当渗透率小于临界值时，渗透率对致密含水气藏采收率影响显著，此时渗透率越低，采收率越低；当渗透率大于临界值时，渗透率对气藏采收率影响较小，此时气藏采收率相对较高；且含水饱和度越高，临界渗透率越大。

基于上述物模实验采收率分析，取得如下认识：

(1)致密含水气藏储层物性差，产气能力弱，采气速度对致密含水气藏井底压降速率和采收率影响显著，并且这种影响随着储层物性变差而加剧，因此，应严格控制致密含水气藏采气速度。

(2)存在一临界渗透率，当渗透率大于临界渗透率时，渗透率对致密含水气藏气井压降和采收率影响较小，气藏采收率较高；当渗透率小于临界渗透率时，渗透率对致密含水气藏采收率影响较为显著，渗透率越低，采收率越低。含水饱和度对临界渗透率有一定的影响，含水饱和度越高，临界渗透率越高。

(3)含水饱和度对致密含水气藏井底压降和采收率影响显著，且这种影响随着储层渗透率变差而加剧。

(4)含水饱和度、渗透率和采气速度对气藏井底压降和采收率的影响是相互叠加，三者综合影响是导致当前致密含水气藏采收率偏低的根本原因。

6.4 致密砂岩含水气藏采收率评价模型建立

物理模拟实验得到的采出程度曲线主要用于致密含水气藏采收率影响机理分析，由于物理模拟尺度、流量与真实气藏尺度、流量差异大，物模实验结果不能直接应用于具体气藏采收率评价，中间需要进行相似理论转化。具体来说分析相似准数 π_4（采出程度）受哪些相似准数的影响，并基于此建立相似准数 π_4 影响方程式(6-17)，最终形成无量纲形式的致密含水气藏采收率评价模型。

$$\pi_4 = f(\pi_2, \pi_7, \pi_8) \tag{6-17}$$

式中：

$$\pi_2 = S_{wi} \tag{6-18}$$

$$\pi_7 = 1 - P_w / P_i \tag{6-19}$$

$$\pi_8 = \frac{whKP_i}{q\mu L} \tag{6-20}$$

下面逐项分析采出程度 π_4 与其他三个相似准数的关系，首先根据相似理论和气藏工程方法中的物质平衡方程启示，分析全直径岩心采收率实验压力消耗程度 π_7 与采出程度 π_4 的关系，绘制全直径岩心实验压力消耗程度 π_7 与采出程度 π_4 关系曲线（图 6-20～图 6-22），结果表明：全直径岩心压力消耗程度 π_7 与采出程度 π_4 呈二项式关系。

$$\pi_7 = \alpha\pi_4^2 + \beta\pi_4 \tag{6-21}$$

式中：α、β 为实验拟合系数。

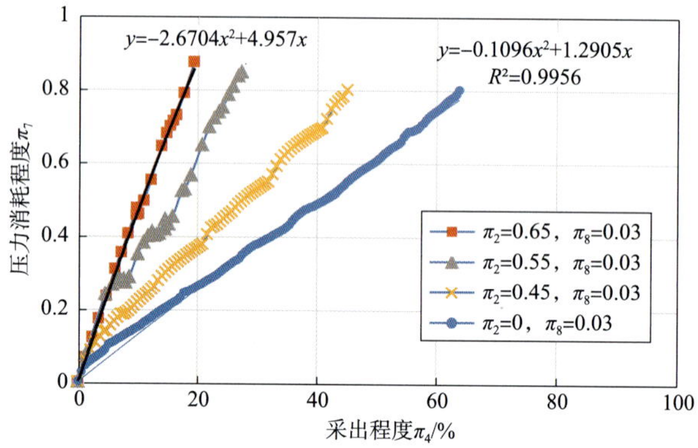

图 6-20　渗透率 $0.2\times10^{-3}\mu m^2$ 岩心压力消耗程度 π_7 与采出程度 π_4 关系曲线

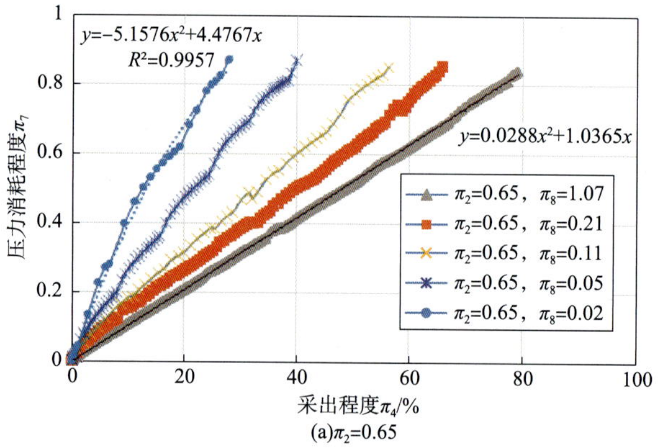

图 6-21　渗透率 $0.7\times10^{-3}\mu m^2$ 岩心压力消耗程度 π_7 与采出程度 π_4 关系曲线

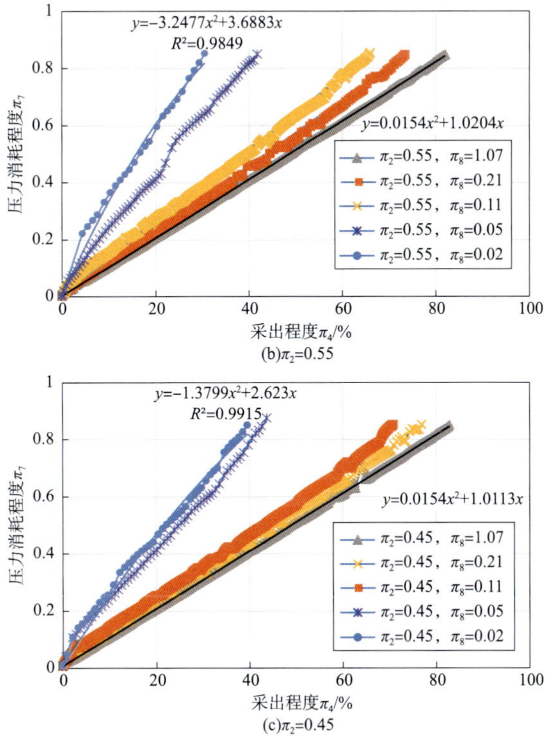

图 6-21　渗透率 0.7×10^{-3}μm^2 岩心压力消耗程度 π_7 与采出程度 π_4 关系曲线(续)

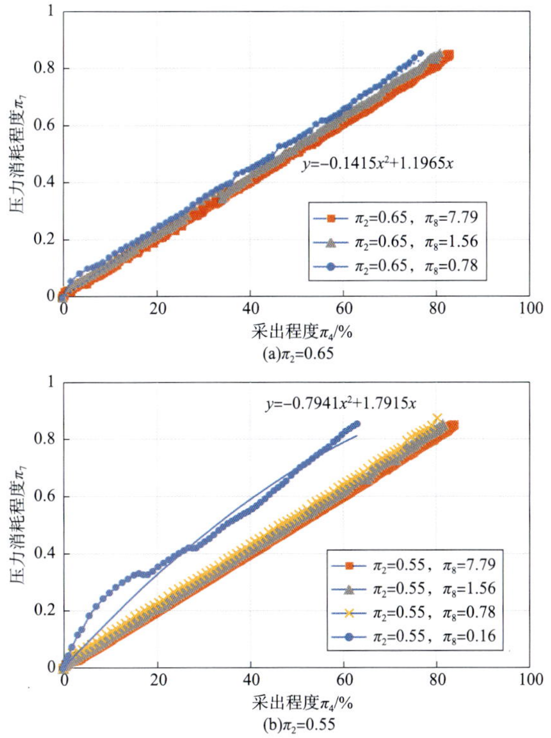

图 6-22　渗透率 1.6×10^{-3}μm^2 岩心压力消耗程度 π_7 与采出程度 π_4 关系曲线

图 6-23 为上述实验曲线二项式拟合二次项系数 α、一次项系数 β 与相似准数 π_2 关系图，由图可以看出：式(6-21)中二次项系数 α 与相似准数 π_2 整体上呈负相关的线性关系，一次项系数 β 与相似准数 π_2 整体上呈正相关的线性关系。

图 6-24 为上述实验曲线二项式(6-21)拟合二次项系数 α、一次项系数 β 与相似准数 π_8 关系图，由图可以看出：式(6-21)中二次项系数 α、一次项系数随相似准数 π_8 变化规律较强，$\pi_8>0.1$ 时，一次项系数 β 趋近于 1，二次项系数 α 趋近于 0；当 $\pi_8<0.1$ 时，二次项系数 α、一次项系数 β(严格来说是 $\beta-1$)与 π_8 呈密函数系数，差异在于一次项系数 β 幂函数前面系数为正数，二次项系数 α 幂函数前面系数为负数。

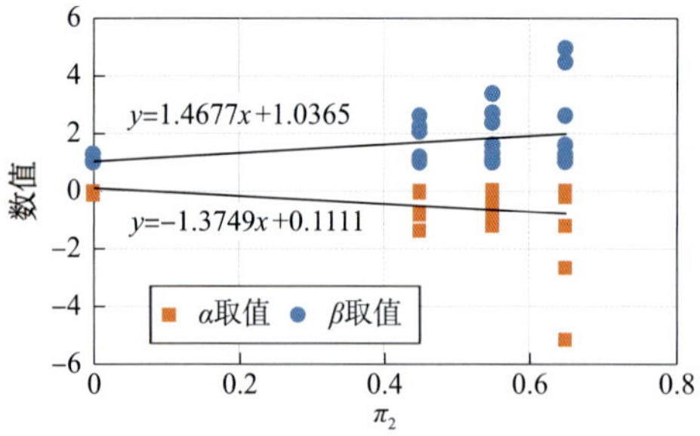

图 6-23　拟合系数 α、β 与相似 π_2 关系

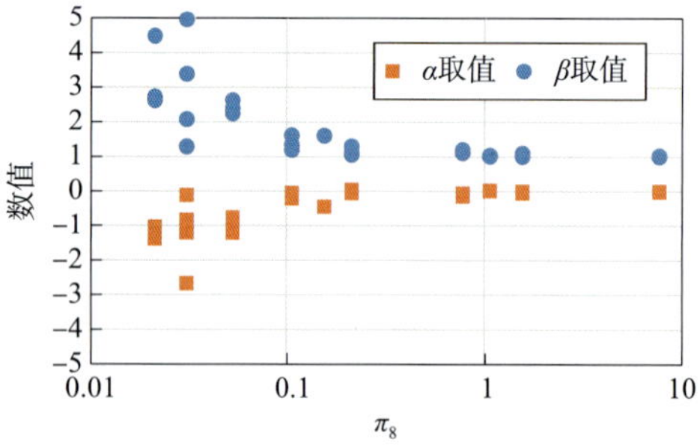

图 6-24　拟合系数 α、β 与相似 π_8 关系

基于系数 α、β 随相似准数 π_2 和 π_8 相似准数变化规律的认识，构建系数 α、β 如下函数表达式(先确定拟合函数形式)：

$$\alpha=(a\pi_2+b)\pi_8^{c} \tag{6-22}$$

$$\beta=1+(a_1\pi_2+b_1)\pi_8^{c_1} \tag{6-23}$$

基于实验得到的 α 值、β 值，采用式(4-11)和式(4-12)分别对 α、β 进行拟合，获取式(6-22)、式(6-23)中 a、b、c、a_1、b_1、c_1，拟合在 MATLAB 上进行，拟合得到 α 和 β 计算公式：

$$\alpha=-(0.008\pi_2-0.0014)\pi_8^{-2} \tag{6-24}$$

$$\beta=1+(0.1235\pi_2-0.0147)\pi_8^{-1.15} \tag{6-25}$$

图 6-25 为实验 α 值与拟合公式(6-24)计算的 α 值散点图，图 6-26 为实验 β 值与拟合公式(6-25)计算的 β 值散点图，结果表明：公式计算的 α 值、β 值与实验 α 值、β 值相关性较好，相关系数 R_2 分别为 0.93，式(6-24)和式(6-25)可用于式(6-21)采出程度方程中系数 α 和 β 计算。

最终，依据全直径岩心采收率实验无量纲分析，得到致密含水气藏采收率评价模型：

$$\pi_7=\alpha\pi_4^2+\beta\pi_4 \tag{6-26}$$

其中：

$$\alpha=-(0.008\pi_2-0.0014)\pi_8^{-2} \tag{6-27}$$

$$\beta=1+(0.1235\pi_2-0.0147)\pi_8^{-1.15} \tag{6-28}$$

矿场可根据致密含水气藏采收率评价模型、气藏开发地质参数与开发技术经济条件，预测气藏采出程度变化规律和最终采收率。

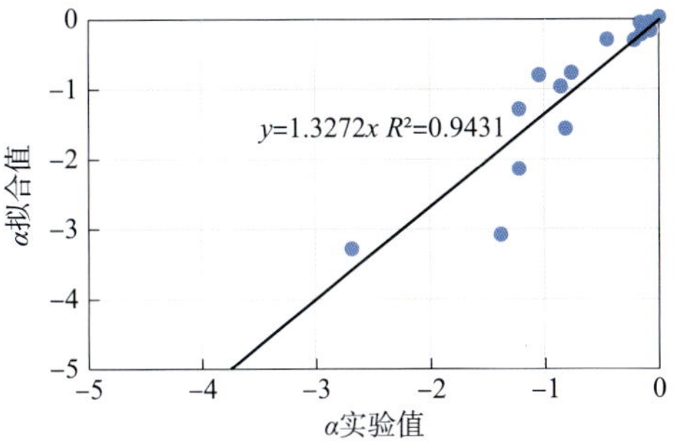

图 6-25　公式计算 α 值与实验 α 值散点图

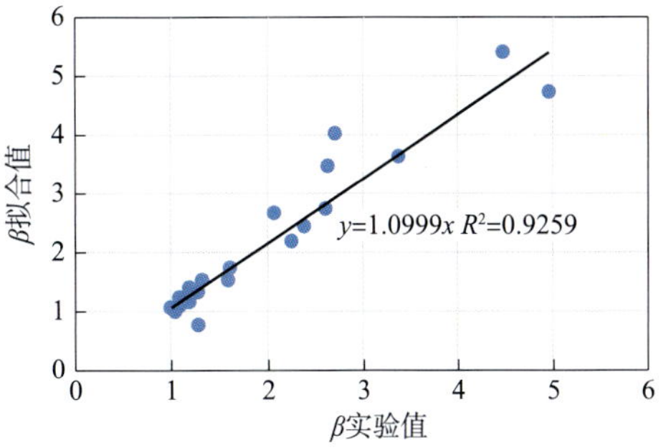

图 6-26　公式计算 β 值与实验 β 值散点图

6.5　致密砂岩含水气藏采收率评价

6.5.1　致密含水气藏采收率评价流程

致密含水气藏采收率评价流程包括以下步骤：

(1)收集气藏参数：包括但不限于如下参数，平均孔隙度(锦 58，12.5%~12.8%；锦 72，11%~13%；锦 30，8.5%~9.3%)、渗透率[锦 58，$(0.8\sim1.6)\times10^{-3}\mu m^2$；锦 72，$1.70\times10^{-3}\mu m^2$；锦 20，$(0.3\sim1.5)\times10^{-3}\mu m^2$]、含水饱和度(锦 58，43%~44%；锦 72，47%~49%)、储层厚度[锦 58，(8.2+10.1)m]、井距、排距、裂缝半长、气藏原始压力(锦 58，27MPa；锦 72，25MPa；锦 30，31.5MPa)、埋深(锦 30，3457.5m；锦 58，3084m)废弃压力、日产气量、单井经济累计产气量等。

(2)根据井距、排距、孔隙度和含气饱和度计算等效渗流宽度 w、渗流长度 L、井网密度 S 和井控储量 G。

(3)根据储层渗透率、厚度、等效渗流宽度、等效渗流长度、气体黏度和气藏原始地层压力计算相似准数 π_8。

(4)根据含水饱和度(π_2)和相似准数 π_8 计算经验公式中的一次项系数 β 和二次项系数 α。

(5)根据经验公式，计算不同压力消耗程度 π_7(不同压力)时采出程度，并根据废弃压力确定最终采出程度(采收率)及单井累计采气量。

6.5.2　致密含水气藏采收率评价图版

根据东胜致密含水气藏储层物性参数与开发技术条件，采收率评价时相关参数取值如下：含水饱和度 50%、渗透率 $1\times10^{-3}\mu m^2$、储层厚度 15m、孔隙度 10%、裂缝半长 150m、地层压力 27MPa、废弃压力 5MPa、井距 600m、排距 800m。

1. 储层渗透率

模型数值计算获得渗透率对致密含水气藏单井产量和气藏采收率影响图版(图 6-27、图 6-28)，结果表明：致密含水气藏采收率与渗透率呈对数关系，渗透率对致密气藏采收率的影响存在一临界渗透率，当渗透率小于临界渗透率时，渗透率对致密气藏采收率影响大，当渗透率大于临界渗透率时，渗透率对致密气藏采收率影响小，此时致密气藏采收率相对较高；含水饱和度越大，渗透率对致密气藏采收率影响越大，临界渗透率越高。

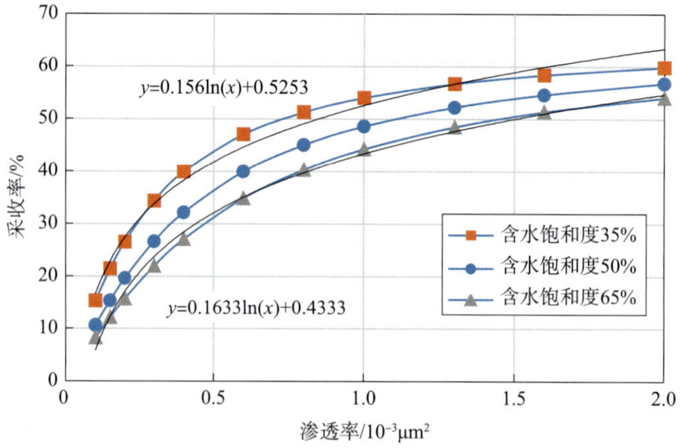

图 6-27　致密含水气藏采收率与渗透率关系曲线

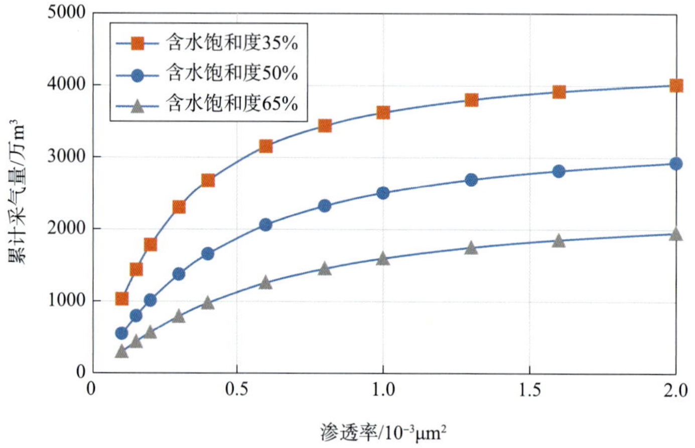

图 6-28　致密含水气藏单井产量与渗透率关系曲线

2. 储层含水饱和度

模型数值计算获得含水饱和度对致密含水气藏单井产量和气藏采收率影响图版(图 6-29、图 6-30)，结果表明：致密含水气藏采收率与含水饱和度呈线性关系，随着含水饱和度增加，致密含水气藏采收率线性下降，渗透率越低时，线性下降幅度越大，含水饱和度对致密含水气藏采收率影响越大，如渗透率 $0.2\times10^{-3}\mu m^2$ 时，含水饱和度每增加 1%，采收率降低 0.4%，而渗透率 $1\times10^{-3}\mu m^2$ 时，含水饱和度每增加 1%，采收率降低 0.3%。而对于单井产气量来说，由于单井产气量等于井控储量与采收率的乘积，含水饱和度增加还导致井控储量进一步下降，因此，含水饱和度对单井产气量影响更大。

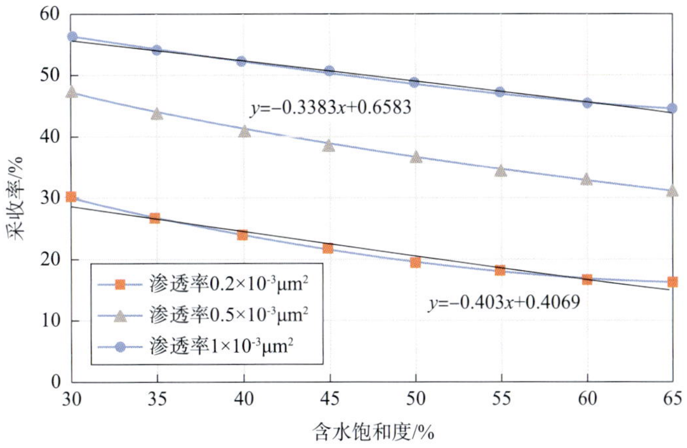

图 6-29　致密含水气藏采收率与含水饱和度关系曲线

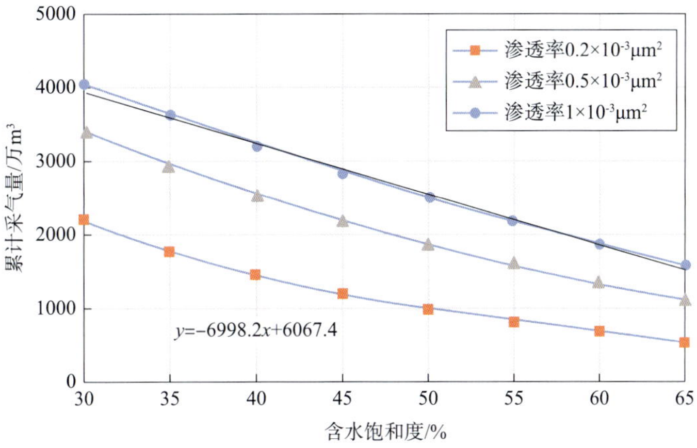

图 6-30　致密含水气藏单井产量与含水饱和度关系曲线

3. 储层厚度

考虑到东胜气田不同区块储层厚度存在明显差异，模型数值计算获得储层厚度（8~25m，储层渗透率 $0.5\times10^{-3}\mu m^2$，含水饱和度 50%）对致密含水气藏单井产量和气藏采收率影响图版（图 6-31、图 6-32），结果表明：随着储层厚度增加，致密含水气藏单井产量和采收率都有所增加，这不难理解，储层米产气指数一定时（米产气指数主要取决于含水饱和度和渗透率），储层厚度越大，气井产气能力越强，因此储层厚度越大，对应的气井产量和气藏采收率也就越大，尤其是单井产量增加得更加明显些，这是由于气井产量等于气井井控储量和采收率的乘积，储层厚度增加的同时增加气井控制储量和采收率，因气井产量增加的幅度要大于气藏采收率增加的幅度，具体表现为储层厚度每增加 1m，采收率增加 1%，气井产量增加 315 万 m^3，因此，对于储层厚度相对较薄的致密含水气藏，储层厚度对气藏采收率具有一定的影响。

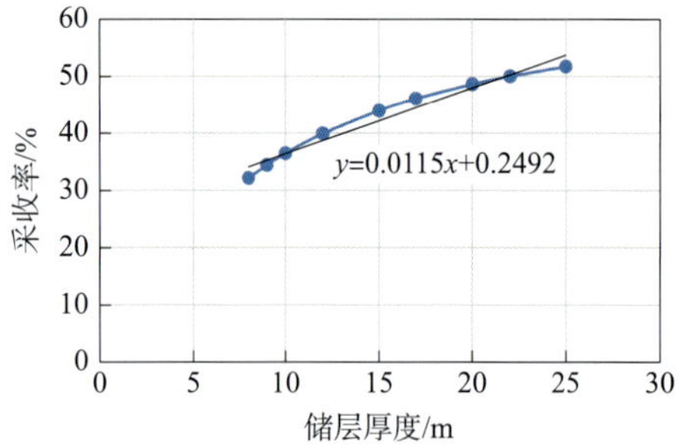

图 6-31　致密含水气藏采收率与储层厚度关系曲线

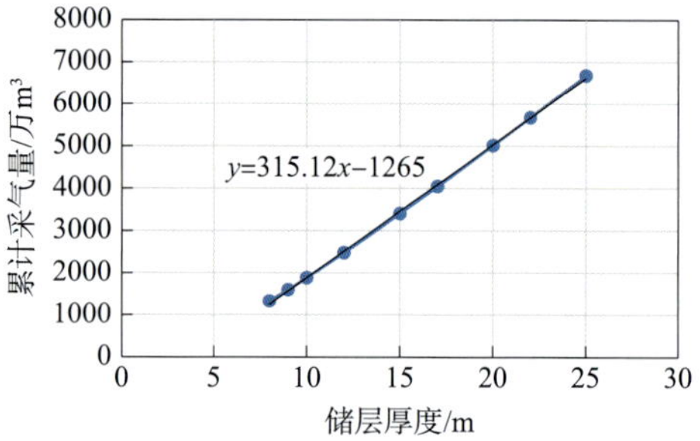

图 6-32　致密含水气藏单井产量与储层厚度关系曲线

4. 原始地层压力

考虑到东胜气田不同区块储层厚度存在明显差异，模型数值计算获得原始地层压力(25~32MPa、储层渗透率 $0.5\times10^{-3}\mu m^2$、含水饱和度 50%、储层厚度 10m)对致密含水气藏单井产量和气藏采收率影响图版(图 6-33、图 6-34)，结果表明：随着气层原始地层压力的增加，致密含水气藏单井产量和采收率都有所增加，这也不难理解，在其他参数一定时，根据气井产能公式和容积法储量计算公式，原始地层压力越高，气井井控储量和无阻产量(产气能力)越高，因此，对应的气井产量和气藏采收率越高，具体规律表现为原始地层压力每增加 1MPa，气井累计产气量增加 124 万 m^3，气藏采收率增加 1%。

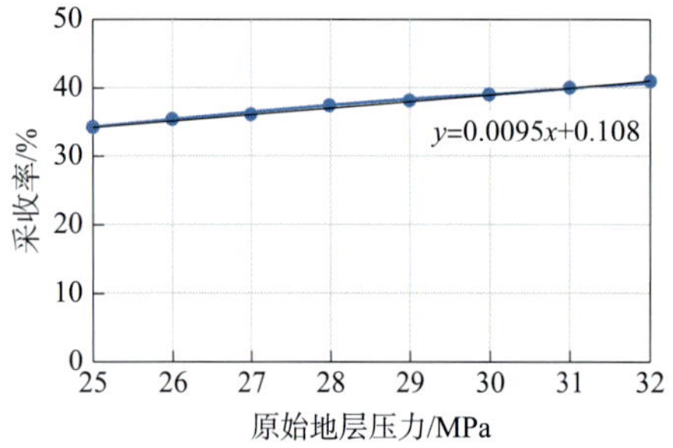

图 6-33　致密含水气藏采收率与原始地层压力关系曲线

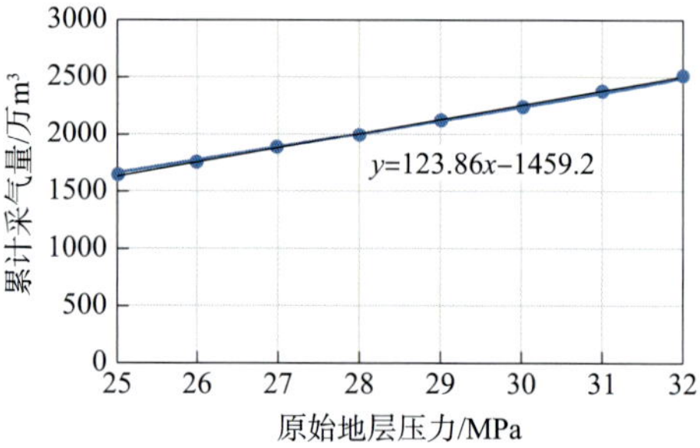

图 6-34　致密含水气藏单井产量与原始地层压力关系曲线

5. 废弃条件

致密气藏开发实践表明，致密气采收率与废弃条件密切相关，模型数值计算不同废弃井底压力下致密含水气藏单井采气量和气藏采收率(图 6-35、图 6-36)，结果表明：随着废弃压力降低，单井产气量和气藏采收率都有所增加，具体表现为废弃压力每降低 1MPa，单井采气量增加 85 万 m^3，采收率增加 1.6%，因此，应想方设法降低致密含水气藏井底废弃压力。

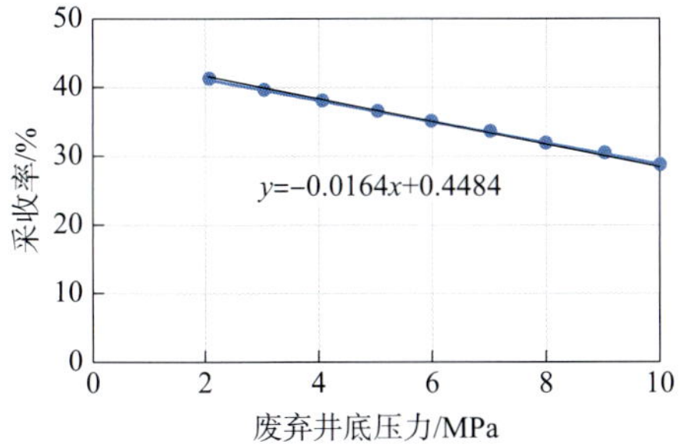

图 6-35　致密含水气藏采收率与废弃井底压力关系曲线

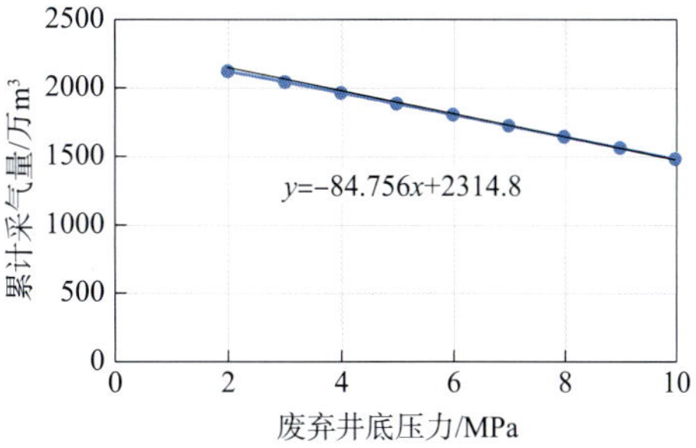

图 6-36　致密含水气藏单井产量与废弃井底压力关系曲线

废弃产量或极限经济日产气量也是影响致密含水气藏气井产气和气藏采收率的关键参数，模型数值计算不同极限经济日产气量(500~2000m^3)下致密含水气藏单井采气量和气藏采收率(图 6-37、图 6-38)，结果表明：随着极限经济日产气量降低，单井产气量和气藏采收率都有所增加，具体表现为极限经济日产气量每下降 100m^3，采收率增加 1.4%，单井累计产气量增加 70 万 m^3。

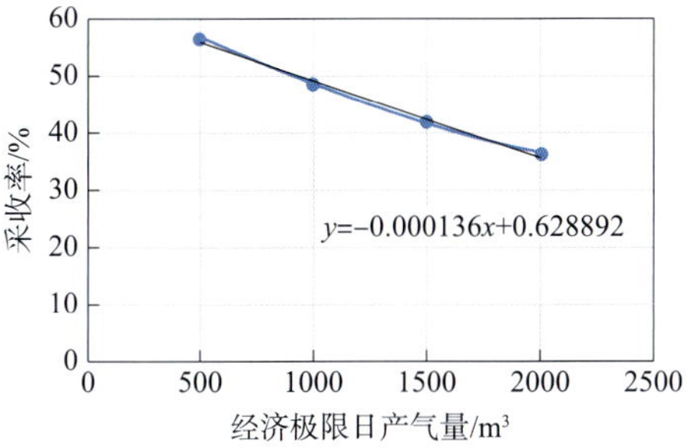

图 6-37　致密含水气藏采收率与极限经济日产气量关系曲线

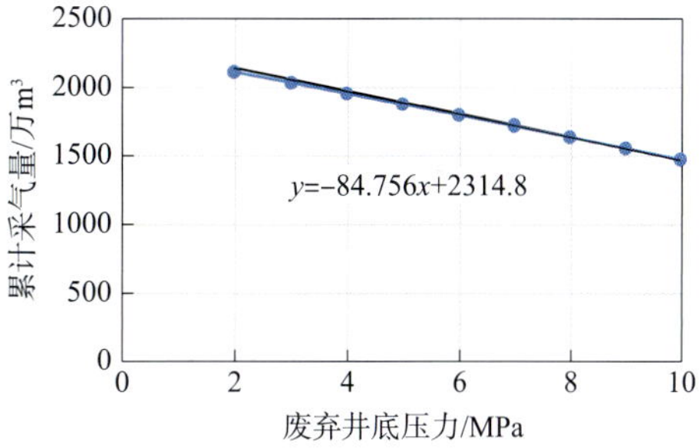

图 6-38　致密含水气藏单井产量与极限经济日产气量关系曲线

根据单井产量和采收率图版，获得不同条件下致密含水气藏单井产量和采收率数据，见表 6-13，可根据此表和气藏生产条件，快速查表获取单井产量和采收率数据。

表 6-13　致密含水气藏单井产量和采收率计算结果

储层渗透率/ $10^{-3}\mu m^2$	含水饱和度 (f)	储层厚度/m	地层压力/ MPa	废弃压力/ MPa	经济产量/ (m^3/d)	单井产量/ 万 m^3	采收率 (f)
0.1	0.5	10	27	5	2000	549	0.11
0.2	0.5	10	27	5	2000	1014	0.20
0.5	0.5	10	27	5	2000	1882	0.36

续表

储层渗透率/$10^{-3}\mu m^2$	含水饱和度(f)	储层厚度/m	地层压力/MPa	废弃压力/MPa	经济产量/(m^3/d)	单井产量/万 m^3	采收率(f)
1	0.5	10	27	5	2000	2510	0.49
0.5	0.3	10	27	5	2000	3421	0.47
0.5	0.4	10	27	5	2000	2546	0.41
0.5	0.6	10	27	5	2000	1357	0.33
0.5	0.5	8	27	5	2000	1327	0.32
0.5	0.5	12	27	5	2000	2473	0.40
0.5	0.5	15	27	5	2000	3403	0.44
0.5	0.5	10	25	5	2000	1643	0.34
0.5	0.5	10	30	5	2000	2254	0.39
0.5	0.5	10	27	5	1500	2161	0.42
0.5	0.5	10	27	5	1000	2510	0.49
0.5	0.5	10	27	5	500	2933	0.57
0.5	0.5	10	27	3	2000	2042	0.40
0.5	0.5	10	27	4	2000	1962	0.38
0.5	0.5	10	27	6	2000	1802	0.35

6.6 致密砂岩含水气藏开发技术经济界限

基于得到的不同储层物性条件下致密含水气藏单井产量与采收率图版，当已知致密含水气藏开发经济指标时，可根据气藏单井产量图版确定致密气开发是否具有经济效益和开发技术经济界限。借鉴苏里格致密砂岩气田开发经验，气田富集区平均储量丰度约为1.5亿 m^3/km^2，按照当前井口气价和钻完井成本，平均单井经济极限产量为1073万 m^3，内部收益8%和12%对应的单井产量分别为1364万 m^3 和1504万 m^3。根据上述经济指标和单井产量图版插值确定不同内部收益率时致密含水气藏开发技术界限(图6-39)，结果表明：随着储层渗透率的增加，经济效益开发对应的含水饱和度逐渐增加然后趋于稳定；渗透率<0.5×$10^{-3}\mu m^2$ 时，经

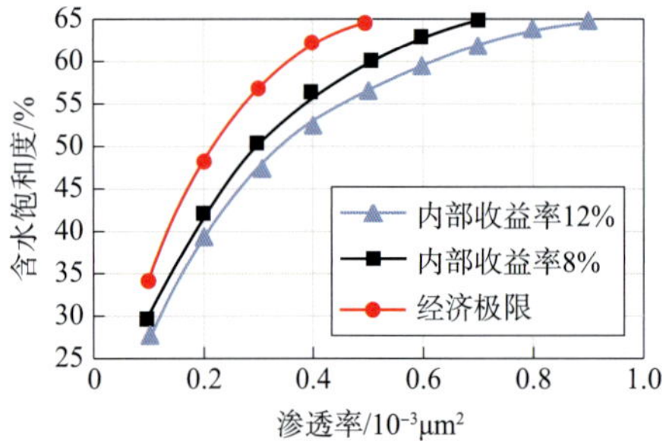

图6-39 致密含水气藏开发技术界限图版
(h=10m，q_c=2000m^3/d)

济效益开发对应的含水饱和度受储层渗透率影响较大。东胜气田平均含水饱和度 50%，内部收益率 12%时对应的经济效益开发渗透率下限为 $0.35\times10^{-3}\mu m^2$。

通过计算，可获得不同储层条件、不同极限经济日产气量下致密含水气藏有效开发技术界限数据，矿场可根据此表 6-14~表 6-17，查表快速确定不同条件下东胜致密含水气藏有效开发技术界限。

表 6-14　有效开发技术界限计算结果（h=10m，q_c=2000m³/d）

储层渗透率/$10^{-3}\mu m^2$	临界含水饱和度(f)		
	内部收益率 12%	内部收益率 8%	经济极限
0.1	0.27	0.29	0.341
0.2	0.39	0.42	0.484
0.3	0.47	0.51	0.57
0.4	0.53	0.56	0.625
0.5	0.57	0.60	0.65
0.6	0.60	0.63	0.65
0.7	0.62	0.65	0.65
0.8	0.64	0.65	0.65
0.9	0.65	0.65	0.65
1	0.65	0.65	0.65

表 6-15　有效开发技术界限计算结果（h=8m，q_c=2000m³/d）

储层渗透率/$10^{-3}\mu m^2$	临界含水饱和度(f)		
	内部收益率 12%	内部收益率 8%	经济极限
0.1	0.21	0.23	0.26
0.2	0.30	0.32	0.37
0.3	0.36	0.39	0.46
0.4	0.42	0.45	0.52
0.5	0.46	0.49	0.56
0.6	0.49	0.52	0.59
0.7	0.51	0.55	0.62
0.8	0.54	0.57	0.64
0.9	0.55	0.59	0.65
1	0.57	0.60	0.65

表 6-16　有效开发技术界限计算结果(h=10m，q_c=1000m^3/d)

储层渗透率/$10^{-3}\mu m^2$	临界含水饱和度(f)		
	内部收益率 12%	内部收益率 8%	经济极限
0. 1	0. 39	0. 42	0. 48
0. 2	0. 52	0. 56	0. 62
0. 3	0. 59	0. 63	0. 65
0. 4	0. 64	0. 65	0. 65
0. 5	0. 65	0. 65	0. 65
0. 6	0. 65	0. 65	0. 65
0. 7	0. 65	0. 65	0. 65
0. 8	0. 65	0. 65	0. 65
0. 9	0. 65	0. 65	0. 65
1	0. 65	0. 65	0. 65

表 6-17　有效开发技术界限计算结果(h=8m，q_c=1000m^3/d)

储层渗透率/$10^{-3}\mu m^2$	临界含水饱和度(f)		
	内部收益率 12%	内部收益率 8%	经济极限
0. 1	0. 30	0. 32	0. 37
0. 2	0. 42	0. 45	0. 52
0. 3	0. 49	0. 52	0. 59
0. 4	0. 53	0. 57	0. 64
0. 5	0. 57	0. 60	0. 65
0. 6	0. 59	0. 62	0. 65
0. 7	0. 61	0. 64	0. 65
0. 8	0. 62	0. 65	0. 65
0. 9	0. 63	0. 65	0. 65
1	0. 64	0. 65	0. 65

6.7　东胜气田气藏采收率标定

为了较为准确标定气藏采收率，采用经验法、类比法、物质平衡法和单井拟合标定等多种方法，综合标定东胜气田的采收率。

1. 储量计算规范法

依据天然气储量计算规范，致密气藏的采收率一般小于50%。

2. 经验法

东胜气田为定容低渗气藏，根据经验公式计算，其采收率为30%~50%，见表6-18。

表6-18　不同类型气藏采收率计算方法

气藏类型	适用条件	经验公式
定容低渗透孔隙型	$K=1\sim10\times10^{-3}\ \mu m^2$	$P_a/Z_a=(0.5\sim0.4)P_i/Z_i$
定容致密型	$K<1\times10^{-3}\ \mu m^2$	$P_a/Z_a=(0.7\sim0.5)P_i/Z_i$

3. 类比法

借鉴国内外低渗致密气藏开发经验，来确定该类型气藏采收率。这包括苏里格气田(40%~45%)，大牛地已开发区(40%)，川西致密含水气藏(40%~50%)，东胜气田2018年一期、二期产能建设方案(40%)(表6-19)。

表6-19　G. J. 狄索尔斯对世界不同类型气藏采收率归纳结果

气藏类型及驱动方式	采收率/%
弹性驱动	70~95
弹性水驱	45~70
低渗致密气藏	可低至30
凝析气藏	65~80
凝析油	45~60

4. 单井标定法

根据气藏工程理论，定容封闭型气藏，其视地层压力P/Z与气藏累积采出量呈线性关系。由此可得，气藏采收率：

$$E_R=\frac{G_R}{G}=1-\frac{P_a/Z_a}{P_i/Z_i} \tag{6-29}$$

式中：G为气藏原始地质储量；G_R为气藏废弃压力条件下可采储量；P_i、P_a分别为原始地层压力、废弃地层压力；Z_i、Z_a分别为原始地层压力、废弃地层压力下的压缩系数。

该方法计算的采收率为动态储量的采收率，而并非容积法地质储量对应的采收率。因此计算容积法地质储量采收率时，必须以动态储量采收率及动态储量(G_d)与容积法地质储量(G)之比来折算，即

$$E_R=\left(1-\frac{P_a/Z_a}{P_i/Z_i}\right)\cdot\frac{G_d}{G} \tag{6-30}$$

低渗气田应用压降法，受时间和流动特性制约，计算储量结果偏低，一般取动态储量与地质储量之比 G_d/G 取 0.5。

东胜气田平均原始地层压力为 26.5MPa，则与它们对应的天然气的原始偏差系数为 0.928，废弃压力取 7MPa，废弃压力下的天然气偏差系数为 0.9427，根据上面公式计算东胜气田的采收率为 41.2%。综合以上分析，初步确定东胜气田研究目标区采收率为 40%（表 6-20）。

表 6-20　各种方法确定的气田采收率

方法	储量计算规范	经验法	类比法	单井标定
采收率/%	<55	30~50	40	28.3~41.2

参考文献

[1]贾承造，郑民，张永峰．中国非常规油气资源与勘探开发前景[J]．石油勘探与开发，2012，39(2)：129-136.

[2]邱中建，邓松涛．中国非常规天然气的战略地位[J]．天然气工业，2012，32(1)：1-5.

[3]邱中建，赵文智，胡素云，等．我国天然气资源潜力及其在未来低碳经济发展中的重要地位[J]．中国工程科学，2011，13(6)：81-87.

[4]Spencer C W. Review of Characteristics of low-permeability gas reservoirs in western United States. AAPU Bulletin，1989，73(5)：613-629.

[5]Cumella S P，Shanley K W，Camp W K，et al. Understanding，exploring，and developing tight gas sands-2005. Vail Hedberg Conference. AAPG Hedberg Series，2008：5-12.

[6]Sergey Paltsev，Henry D. Jacoby，John M. Reilly，et al. The future of U. S. natural gas production，use，and trade，2011，39(9)：5309-5321.

[7]邹才能，陶士振，杨智，等．中国非常规油气勘探与研究新进展[J]．矿物岩石地球化学通报，2012，31(4)：312-322.

[8]Caineng Zou. Unconventional Petroleum Geology. Amsterdam：Elsevier Pr.，2012.

[9]邹才能，朱如凯，吴松涛，等．常规与非常规油气聚集类型、特征、机理及展望——以中国致密油和致密气为例[J]．石油学报，2012，33(2)：173-187.

[10]邹才能，张光亚，陶士振，等．全球油气勘探领域地质特征、重大发现及非常规石油地质[J]．石油勘探与开发，2010，37(2)：129-145.

[11]杨涛，张国生，梁坤，等．全球致密气勘探开发进展及中国发展趋势预测[J]．中国工程科学，2012，14(6)：64-68.

[12]Spencer C W. Geologic aspects of tight gas reservoirs in the Rocky Mountain region. Journal of Petroleum Technology，1985，37(8)：1308-1314.

[13]Kazemi H. Low-permeability gas sands. Journal oI Petroleum Technology，1982，34(10)：2229-2232.

[14]Holditch S A. Tight gas sands. Journal of Petroleum Technology，2006，52(9)：86-94.

[15]邹才能，陶卜振，侯连华，等．非常规油气地质[M]．北京：地质出版社，2011.

[16]杨朝蓬，高树生，刘广，等．致密砂岩气藏渗流机理研究现状及展望[J]．科学技术与工程，2012，12(32)：8606-8613.

[17]Dixon B，Flint D. Canadian Tight Gas：Developing and Applying a Workable Definition. CSUG Tight Gas Definition November，2007：1-10.

[18]胡文瑞．低渗透油气田概论[M]．北京：石油工业出版社，2009.

[19]邹才能，陶士振，张响响，等．中国低孔渗大气区地质特征、控制因素和成藏机制[J]．中国科学：D辑，2008，39(11)：1607-1624.

[20]Stephen A Holditch. Tight gas sands. SPE J, 2006, (6): 86-93.
[21]邹才能. 非常规油气地质[M]. 北京: 地质出版社, 1997.
[22]关德师, 牛嘉玉, 郭丽娜, 等. 中国非常规油气地质[J]. 北京: 石油工业出版社, 1995.
[23]杨华, 魏新善. 鄂尔多斯盆地苏里格地区天然气勘探新进展[J]. 天然气工业, 2007, 27(12): 6-11.
[24]杨华, 刘新社, 孟培龙. 苏里格地区天然气勘探新进展[J]. 天然气工业, 2011, 31(2): 1-8.
[25]冉新权, 何光怀. 关键技术突破, 集成技术创新 实现苏里格气田规模有效开发[J]. 天然气工业, 2007, 27(12): 1-5.
[26]张舒雅. 长庆"做长"阔步向前[N]. 中国石油报, 2015-01-21.
[27]韩会平, 武春英, 季海琨, 等. 苏里格南部地区上古生界天然气成藏条件及勘探潜力[J]. 油气地质与采收率, 2014, 21(4): 146-149.
[28]王少飞, 安文宏, 陈鹏, 等. 苏里格气田致密气藏特征与开发技术[J]. 天然气地球科学, 2013, 24(1): 138-145.
[29]易士威, 林世国, 杨威, 等. 四川盆地须家河组大气区形成条件[J]. 天然气地球科学, 2013, 24(1): 1-8.
[30]梁顺军, 雷开强, 王静, 等. 库车坳陷大北—克深砾石区地震攻关与天然气勘探突破[J]. 中国石油勘探, 2014, 19(5): 49-58.
[31]贾承造, 张永峰, 赵霞. 中国天然气工业发展前景与挑战[J]. 天然气工业, 2014, 34(2): 8-18.
[32]王招明, 谢会文, 李勇, 等. 库车前陆冲断带深层盐下大气田的勘探和发现[J]. 中国石油勘探, 2013, 18(3): 1-11.
[33]Alvaro P, Faruk C. Modification of Darcy. law for the threshold Pressure gradient. Joumal of Petroleum Seience and Engineering, 1999, 22(5): 237-240.
[34]Zhang M, Manabu T, Tetsuro E. Laboratory measurement of low-permeability rocks with a new flow pump system. Material Research Soeiety Symposium, 1998: 889-896.
[35]R. Noman J S. Archer. The Effect of Pore Structure on Non-Darcy Gas Flow in Some Low-Permeability Reservoir, SPE16400-MS.
[36]M. Armenta A K. Wojtanowicz. Rediscovering Non-Darcy Flow Effect In Gas Reservoir, SPE 84071-MS.
[37]King F H. Principles and conditions of movement of ground water. US Geol Survey 19th Ann RePot, Part2, 1898: 259-274.
[38]Arthur C S. Recent development in water flooding in the Bradford district. SPE 38-260.
[39]Hassler G L. The role of capillarity in oil Production. SPE944155.
[40]Miller R J, Low P F. Threshold gradient for water flow in clay system. Proceedings of Soil Science Society of America. 1963, 27(3): 605-609.
[41]Thomas L K. Threshold Pressure Phenomena in porous Media. SPE 1816.
[42]Derjaguin B V, Churaev N V. Investigation of the properties of water II. JCIS, 1971, 36(4): 415-426.
[43]Derjaguin B V. Results of analytical investigation ofthe composition of "anomalous water". JCIS, 1974, 4(63): 437-441.
[44]Chowdiah P. Influence of water-desaturation on technique and stress on laboratory measurement of hydraulic

properties of tight sandstone. SPE 15210.

[45] Boukadi F, Bemani A, Rumhy M, et al. (1998). Threshold pressure as a measure of degree of rock wettability and diagenesis in consolidated Omani limestone cores. Marine and Petroleum Geology, 1998, 15(3): 33-39.

[46] Wei X, Qun L, Shusheng G, et al. Pseudo threshold pressure gradient to flow for low permeability reservoirs. Petroleum Exploration and Development, 2009, 36(2): 232-236.

[47] Bennion D B. Recent advances in laboratory test protocols evaluate optimum drilling, completion and stimulation practices for low permeability gas reservoirs. SPE 60324.

[48] Songquan L, Linsong C, Xiusheng L, et al. Nonlinear seepage flow of ultralow permeability reservoirs. Petroleum Exploration and Development, 2008, 35(4): 606-612.

[49] Civan F. Generalized Darcy's law by control volume analysis including capillary and orifice effects. Journal of Canadian Petroleum Technology, 2008, 47(10): 1-7.

[50] Jing L. Pressure behavior of a hydraulically fractured well in tight gas formation with threshold pressure gradient. SPE152158.

[51] Baoquan Z, Linsong C, Chunlan L. Low velocity non-linear flow in ultra-low permeability reservoir. Journal of Petroleum Science and Engineering, 2012, 80(4): 1-6.

[52] Civan F. Modeling Gas flow through hydraulically-fractured shale-gas reservoirs involving molecular-to-inertial transport regimes and threshold-pressure gradient t. SPE166324.

[53] 冯文光. 非达西低速渗流的研究现状与展望[J]. 石油勘探与开发, 1986, 1(34): 76-80.

[54] 黄延章. 低渗透油层非线性渗流特征[J]. 特种油气藏, 1997, 4(1): 9-14.

[55] 孙黎娟, 吴凡, 赵卫华, 等. 油藏启动压力的规律研究与应用[J]. 断块油气田, 1998, 5(5): 30-33.

[56] 黄延章. 低渗透油层渗流机理[M]. 北京: 石油工业出版社, 1998.

[57] 吴凡, 孙黎娟, 乔国安, 等. 气体渗流特征及启动压力规律的研究[J]. 天然气工业, 2001, 21(1): 82-84.

[58] 傅春华, 葛家理. 低渗透油藏的非线性渗流理论探讨[J]. 新疆石油地质, 2002, 23(4), 24-27.

[59] 张居增. 气藏非线性渗流数值模拟技术[D]. 成都: 西南石油大学, 2004.

[60] 尚根华. 低速非线性渗流规律研究[D]. 北京: 中国科学院, 2004.

[61] 邱勇松. 低渗透油藏渗流机理及开发技术研究[D]. 廊坊: 中国科学院渗流流体力学研究所, 2004.

[62] 肖曾利, 蒲春生, 秦文龙, 等. 低渗油藏非线性渗流特征及其影响[J]. 石油钻采工艺, 2007, 29(3): 105-107.

[63] 郝明强, 刘先贵, 胡永乐. 微裂缝性特低渗透油藏单相流体渗流特征[J]. 油气地质与采收率, 2007, 14(6): 79-81.

[64] 李登伟, 张烈辉, 周克明, 等. 可视化微观孔隙模型中气水两相渗流机理[J]. 中国石油大学学报(自然科学版), 2008, 32(3): 80-83.

[65] 李爱芬, 张少辉, 刘敏, 等. 一种测定低渗透油藏启动压力的新方法[J], 中国石油大学学报(自然科学版), 2008, 21(3): 68-71.

[66] 张代燕, 彭军, 谷艳琳, 等. 稠油油藏启动压力梯度实验[J]. 新疆石油地质 .2012, 22(3):

201-204.

[67]王晓冬，郝明强，韩永新．启动压力梯度的含义与应用[J]．石油学报，2013，41(4)：188-191.

[68]Latchie M，Hemstick R A，Joung L W. The effective compressibility of Reservoir Rock and Its Effect on Permeability. JPT，1952，10(6)：49-51.

[69]A. T. 戈尔布诺夫．异常油田开发[M]．北京：石油工业出版社，1987.

[70]Hall H N. Compressibility of Reservoir Rocks. JPT，1953，15(1)：16-21.

[71]Fatt I，Davis D H. Reduction in Permeability with overburden Pressure. JPT，1952，4(12)：34-41.

[72]Fatt I. Pore Volume Compressibilities of Sandstone Reservoirs Rocks. AAPG，1958，42(8)：1924-1957.

[73]Jones S C. Two-Point Determinations of Permeability and PV vs Net Confining Stress. SPE15380.

[74]Jose G. Numerical Simulation of Coupled Fluid-flow/Geomechanical Behavior of Tight Gas Reservoirs with Stress Sensitive Permeability. SPE39055.

[75]Lei Q，Wei X，Jiangru Y，et al. Analysis of Stress Sensitivity and Its Influence on Oil Production From Tight Reservoirs. SPE111148.

[76]Rosalind A A. Impact of Stress Sensitive Permeability on Production Data Analysis. SPE114166.

[77]Paul F W. A diagnostic approach to quantifying the stress sensitivity of permeability. Journal of Petroleum Science and Engineering，2008，61(2-4)：49-57.

[78]Suyang Z. Experiment Research Of Tight Sandstone Gas Reservoir Stress Sensitivity Based On The Capillary Bundle Mode. SPE167638.

[79]Tian Y. Experimental Study on Stress Sensitivity of Naturally Fractured Reservoirs. SPE173463.

[80]张琰，崔迎春．砂砾性低渗气层压力敏感性的试验研究[J]．石油钻采工艺，1999，21(6)：1-6.

[81]张琰，崔迎春．低渗气藏应力敏感性及评价方法的研究[J]．现代地质，2001，25(4)：453-457.

[82]刘建军，刘先贵．有效压力对低渗透多孔介质孔隙度、渗透率的影响[J]．地质力学学报，2001，7(1)：41-44.

[83]张新红，秦积舜．低渗岩芯物性参数与应力关系的试验研究[J]．石油大学学报(自然科学版)，2001，25(4)：56-57.

[84]阮敏，王连刚．低渗油田开发与压敏效应[J]．石油学报，2002，23(3)：73-76.

[85]秦积舜，张新红．变应力条件下低渗透储层近井地带渗流模型[J]．石油钻采工艺，2001，23(5)：41-44.

[86]秦积舜．变围压条件下低渗砂岩储层渗透率变化规律研究[J]．西安石油学院学报，2002，17(4)：28-31.

[87]范学平，徐向荣．地应力对岩心渗透率伤害实验及机理分析[J]．石油勘探与开发，2002，29(2)：117-119.

[88]向阳，向丹，杜文博．致密砂岩气藏应力敏感的全模拟试验研究[J]．成都理工学院学报，2002，29(6)：617-619.

[89]王秀娟，赵永胜，文武，等．低渗透储层应力敏感性与产能物性下限[J]．石油与天然气地质，2003，24(3)：162-165.

[90]朱中谦，王振彪，李汝勇，等．异常高压气藏岩石变形特征及其对开发的影响[J]．天然气地球科学，2003，14(1)：60-64.

[91]孙龙德，宋文杰，江同文．克拉2气田储层应力敏感性及其对产能影响的实验研究[J]．中国科学D辑，2004. 34(增刊I)：134-142.

[92]郝春山，李治平，杨满平，等．变形介质的变形机理及物性特征研究[J]．西南石油学院学报，2003，25(4)：19-21.

[93]康毅力，张浩，陈一健等．鄂尔多斯盆地大牛地气田致密砂岩气层应力敏感性综合研究[J]．天然气地球科学，2006，17(3)：335-338.

[94]李孟涛，姚尚林，单文文．低渗透气藏应力敏感性实验研究[J]．大庆石油地质与开发，2006，25(6)：69-72.

[95]徐艳梅，郭平，黄伟岗，等．大牛地气田储集层应力敏感性研究[J]．特种油气藏，2007，14(3)：72-74.

[96]高建，吕静，王家禄．储层条件下低渗透岩石应力敏感评价[J]．岩石力学与工程学报，2009，28(增2)：3899-3902.

[97]焦春艳，何顺利，谢全，等．超低渗透砂岩储层应力敏感性实验[J]．石油学报，2011，32(3)：489-494.

[98]杨朝蓬，高树生，郭立辉，等．致密砂岩气藏应力敏感性及其对产能的影响[J]．钻采工艺，2013，36(2)：58-61.

[99]Richards L A. Capillary Conduction of Liquids through Porous Medium. Physics, 1931, 1(1): 318-333.

[100]Wyckoff R D, Botset H G, Muskat M, et al. Measurement of Permeability of Porous Media. Amer. Assoc. of Pet. Geologist Bulletin, 1936, 18(2): 161-190.

[101]Muskat M. The Flow of Homogeneous Fluids through Porous Media. New York: McGraw-Hill Book Co., Inc. 1937.

[102]Scheidegger A E. Physics of Fluid Flow through Porous Media. CAN: U. of Toronto Press, Toronto. 1974.

[103]Rosepile M J. Calculation and Significance of Water Saturations in Low Porosity Shale Gas Sands. SPE10910.

[104]Arastoopour H, Haripi H. Analysis of Two-Phase Flow in a Tight Sand Gas Reservoir, Using Boast. SPE15837.

[105]Chowdiah P. Laboratory Measurements Relevant to Two-Phase Flow in a Tight Gas Sand Matrix. SPE16945.

[106]Haniff M S, Ali J K. Relative Permeability and Low Tension Fluid Flow in Gas Condensate Systems. SPE20917.

[107]Rushing J A, Newsham K E, Van Fraassen K C. Measurement of the Two-Phase Gas Slippage Phenomenon and Its Effect on Gas Relative Permeability in Tight Gas Sands. SPE84297.

[108]Dacy J M. Core Tests for Relative Permeability of Unconventional Gas Reservoirs. SPE135427.

[109]Cluff R M, Byrnes A P. Relative Permeability In Tight Gas Sandstone Reservoirs-The "Permeability Jail" Model. SPWLA 51st Annual Logging Symposium, 2010-58470.

[110]Wang Y, Chen Z, Morah V, et al. Gas-Phase Relative Permeability Characterization on Tight-Gas Samples. Petrophysics, 2012, 53(6): 393-400.

[111]Yin Z, Changyao S, Sixu Z. Simultaneous Estimation of Relative Permeability and Capillary Pressure for Tight Formations from Displacement Experiments. SPE162663.

[112]任晓娟，阎庆来，何秋轩等．低渗气层气体的渗流特征实验研究[J]．西安石油学院学报，1997，12

(3)：22-25.

[113]江义容，戴志坚，李克文．低渗透率岩心气液相对渗透率及其敏感参数的影响[J]．石油勘探与开发，1997，24(6)：61-64.

[114]李晓平．有水气藏地下渗流数学模型[J]．钻采工艺，1997，20(5)：35-37.

[115]赵阳升，胡耀青，杨栋，等．气液二相流体裂缝渗流规律的模拟实验研究[J]．岩石力学与工程学报，1999，18(3)：354-356.

[116]张永利，邰英楼，王来贵．水-煤层气两相流体在煤层中的渗流规律[J]．地质灾害与环境保护，2001，12(4)：63-65.

[117]周克明，李宁，张清秀，等．气水两相渗流及封闭气的形成机理实验研究[J]．天然气工业，2002，22(增刊)：122-125.

[118]柯式镇，秋英淑．模拟退火在非稳态驱替实验计算相对渗透率中的应用[J]．测井技术，2005，29(6)：496-498.

[119]严文德．低渗透气藏气-水两相渗流数学模型改进及数值模拟应用研究[D]．成都：西南石油大学，2005.

[120]易敏，郭平，孙良田．非稳态法水驱气相对渗透率曲线实验[J]．天然气工业，2007，27(10)：92-94.

[121]陆辉，谢丽，乐涛涛．浅论气水在低渗砂岩中的相对渗透率方程[J]．断块油气田，2008，15(4)：71-72.

[122]朱光亚，刘先贵，高树生，等．低渗透气藏气水两相渗流模型及其产能分析[J]．天然气工业，2009，29(9)：67-70.

[123]章星，杨胜来，李芳芳，等．火山岩气藏气水两相渗流特征分析[J]．断块油气田，2013，20(5)：631-633.

[124]周玉辉，张烈辉，闫玉乐，等．页岩气藏相渗规律研究[J]．新疆石油地质，2013，34(4)：445-447.

[125]郭肖，杜志敏，姜贻伟，等．温度和压力对气水相对渗透率的影响[J]．天然气工业，2014，34(6)：60-64.

[126]张瑞．致密气砂岩气水相渗特征研究-以苏东南地区盒8段储层为例[D]．西安：西北大学，2014.

[127]Lefkovits H C. A study of the Behavior of Bounded Reservoirs Composed of Stratified Layers. SPEJ, 1961, 3(3): 43-58.

[128]Tariq S M, Ramey J. Drawdown Behavior of a Well with Storage and Effect Communicating with Layers of Different Radii and Other Characteristics. SPE7453.

[129]Kucuk F. Well Analysis of Commingled Zones without Cross flow. SPE13081.

[130]Bourdet D. Pressure Behavior of Layered Reservoirs with Crossflow. SPE13628.

[131]Fetkovich M. J. Decline-Curve Analysis Using Type Curves. JPT, 1980, 15(6): 1065-1070.

[132]Ahmed H E, Robert A W. Analysis of Commingled Tight Gas Reservoirs. SPE36736.

[133]Jorge A A, Robert A W, Ahmed H E. Production Analysis of Commingled Gas Reservoirs - Case Histories. SPE58985.

[134]Frank K, Shelin C, Paul C. Material Balance for Multi-layered, Commingled, Tight Gas Reservoirs. SPE59760.

[135]Al-Shehri D A, Rabaa A S, Duenas J J, et al. Commingled Production Experiences of Multilayered Gas-Carbonate Reservoir in Saudi Arabia. SPE97073.
[136]Milad B, Civan F, Devegowda D, et al. Modeling and Simulation of Production from Commingled Shale Gas Reservoirs. SPE168853.
[137]王晓冬. 多层合采气井产能优化分析[D]. 武汉：中国地质大学，2005.
[138]熊钰，张烈辉，阳仿勇，等. 多层气藏一井多层开采技术界限研究[J]. 天然气工业，2005, 25(7)：81-83.
[139]熊燕莉，冯曦，杨雅和，等. 多层合采气井动态特征及开发效果分析[J]. 天然气勘探与开发，2005，28(1)：21-24.
[140]胡勇，李熙喆，万玉金，等. 高低压双气层合采产气特征[J]. 天然气工业，2009，29(2)：89-91.
[141]刘启国，王辉，王瑞成. 多层气藏井分层产量贡献计算方法及影响因素[J]. 西南石油大学学报(自然科学版)，2010，32(1)：82-84.
[142]李成勇，蒋裕强，伍勇，等. 多层合采气藏井底压力响应模型通解[J]. 天然气工业，2010，30(9)：39-41.
[143]Terzaghi K., Theoretical Soil Mechanics. Wiley, New York, 1943.
[144]李传亮. 多孔介质的有效应力及其应用研究[D]. 合肥：中国科学技术大学，2000.
[145]于忠良，熊伟，高树生，等. 低渗透储层应力敏感分析[J]. 天然气技术，2008，10(4)：26-29.
[146]罗瑞兰，程林松，彭建春，等. 确定低渗岩心渗透率随有效覆压变化关系的新方法[J]. 中国石油大学学报(自然科学版)，2007，31(2)：87-90.
[147]杨其彬，陈忠，黄侠，等. 低渗透岩石压敏特征研究[J]. 石油大学学报(自然科学版)，2005，29(2)：49-51.
[148]李传亮. 油藏工程原理[M]. 北京：石油工业出版社，2005.
[149]李培超，孔详言. 地下各种压力之间关系式的修正[J]. 岩石力学与工程学报，2002，21(10)：1551-1553.
[150]葛家理. 现代油藏渗流力学原理[M]. 北京：石油工业出版社，2003.
[151]Jones S C. Graphical techniques for determining relative permeability from displacement experiments. JPT, 1978, 30(5)：807-817.